2015年 全国优秀决策气象服务材料汇编

主　编：张建忠
副主编：连治华　艾婉秀

内容简介

经过专家评选，本书收录了2015年重大灾害性天气过程预报服务、气候分析预测、生态环境保护与为农服务、气象保障服务和防灾减灾体系建设等5大类共41篇国家级和省级优秀决策气象服务材料。为了提高书籍质量，本书编辑过程中，经过了各级气象部门遴选上报、专家评选、修订、校对等多个环节，力争达到更好的应用效果，供气象服务人员参考和借鉴。希望本书对于加强决策气象服务人员业务交流，启发和拓展服务思路，提高服务的敏感性、针对性和科学性具有更好的借鉴、指导意义。

图书在版编目(CIP)数据

2015年全国优秀决策气象服务材料汇编 / 张建忠主编. — 北京 ：气象出版社，2017.2

ISBN 978-7-5029-6393-4

Ⅰ.①2… Ⅱ.①张… Ⅲ.①气象服务-决策学-中国-2015 Ⅳ.①P49

中国版本图书馆CIP数据核字(2017)第009903号

2015年全国优秀决策气象服务材料汇编

2015 Nian Quanguo Youxiu Juece Qixiang Fuwu Cailiao Huibian

出版发行：气象出版社
地　　址：北京市海淀区中关村南大街46号　　**邮政编码**：100081
电　　话：010-68407112(总编室)　010-68408042(发行部)
网　　址：http://www.qxcbs.com　　**E-mail**：qxcbs@cma.gov.cn
责任编辑：陈　红　张　媛　　**终　　审**：邵俊年
责任校对：王丽梅　　**责任技编**：赵相宁
封面设计：博雅思企划
印　　刷：北京建宏印刷有限公司
开　　本：787 mm×1092 mm　1/16　　**印　　张**：9.75
字　　数：250千字
版　　次：2017年2月第1版　　**印　　次**：2017年2月第1次印刷
定　　价：50.00元

《2015 年全国优秀决策气象服务材料汇编》编写组

主　　编：张建忠

副 主 编：连治华　艾婉秀

参编人员（按姓氏笔画排序）：

王亚伟　王维国　王秀荣　刘　诚

陈　峪　吴瑞霞　梁　科　廖　军

薛建军

前 言

2015年，受超强厄尔尼诺事件影响，我国平均降水量较常年偏多，平均气温偏高，极端天气事件频发，防灾减灾工作繁重。灾害性天气呈现如下特点：一是南方汛期暴雨过程多，非汛期出现极端暴雨过程；二是台风登陆个数少，但多以强台风级登陆，给华东和华南造成严重影响；三是冬季雾霾天气频发，华北、黄淮及东北地区等地空气污染严重。

面对复杂的天气形势，各级气象部门牢固树立大局意识、责任意识和服务意识，不断提升气象服务能力和水平，为各级党委和政府提供决策气象服务，并得到了充分肯定，圆满完成了台风、暴雨、雾霾等各类灾害性天气事件的决策气象服务工作。同时，中国人民抗日战争暨世界反法西斯战争胜利70周年纪念活动及“东方之星”客轮翻沉事件、天津港“8·12”瑞海公司危险品仓库特别重大火灾爆炸事故等重大活动和突发事件的气象保障服务工作，也是2015年决策气象服务工作的重要组成部分。

为了不断总结前期的工作经验，提炼服务中的内在规律，开拓和发展决策气象服务业务。我们在参加评选的81篇国家级或省级决策服务材料中，遴选出41篇在各级党委政府和相关部门重大战略决策和部署中发挥了重要作用，服务效益显著，对各地决策气象服务工作有借鉴作用的优秀决策服务材料进行汇编，共涉及重大灾害性天气过程预报服务、气候分析预测、生态环境保护与为农服务、气象保障服务和防灾减灾体系建设5大类。材料汇编过程中，得到了国家气象中心、国家气候中心、国家气象卫星中心、气象探测中心、公共气象服务中心、中国气象科学研究院和各省（自治区、直辖市）气象局的大力支持，在此一并表示感谢！

中国气象局决策气象服务中心

目　录

第三篇　生态环境保护与为农服务

第四篇　气象保障服务

第五篇　防灾减灾体系建设

第一篇

重大灾害性天气过程预报服务

1—4日东北地区和内蒙古中东部将有暴雪，需防范对交通运输和设施农业的影响

张立生　方　翀　王莉萍
（国家气象中心　2015年11月30日）

摘要：预计12月1—4日东北地区和内蒙古东部将有一次强降雪天气过程，并伴有明显的大风降温。期间，大部地区过程累计降雪量有8～20毫米，局地可超过25毫米；黑龙江中东部部分地区最大日降雪量有20～25毫米，将接近或超过12月上旬历史日降雪量极值。此次过程降雪量大、持续时间长、积雪深，建议各地加强防范降雪、积雪对交通运输、城市运行和设施农业等的影响，同时加强供暖、供电保障和调度，做好防寒保暖工作。

一、东北地区和内蒙古中东部将有强降雪，黑龙江中东部部分地区将接近或超过历史同期日降雪量极值

受高空冷涡影响，12月1—4日，东北地区大部和内蒙古中东部将有强降雪。东北地区中北部、内蒙古东部过程累计降雪量有8～20毫米，黑龙江中东部的局部地区将有25～35毫米（图1-1），主要降雪时段出现在1—3日。期间，最大日降雪量20～25毫米，黑龙江中东部部分地区将接近或超过12月上旬历史日降雪量极值。新增积雪深度将达10～25厘米，局地超过35厘米。受冷空气影响，1—3日内蒙古中部和东北地区南部将有6～8℃降温，局地达到10℃，内蒙古东部和东北地区北部将有4～6℃降温，局地达到8℃。上述地区并伴有4～5级偏南风转5级左右偏北风，内蒙古中东部部分地区风力可达6级。

未来三天具体降雪预报如下：

1日，内蒙古中东部、东北地区大部和华北北部有小到中雪或雨夹雪天气，其中内蒙古东部、东北地区中西部和东南部等地有大雪，局地暴雪（10～15毫米）。

2日，内蒙古东部、东北地区中北部有中雪，其中内蒙古东北部、黑龙江大部和吉林东北部等地的部分地区有大到暴雪，局地大暴雪（20～25毫米）。

3日，东北地区中北部有小到中雪，其中黑龙江中东部部分地区大雪，局地暴雪（10～15毫米）。

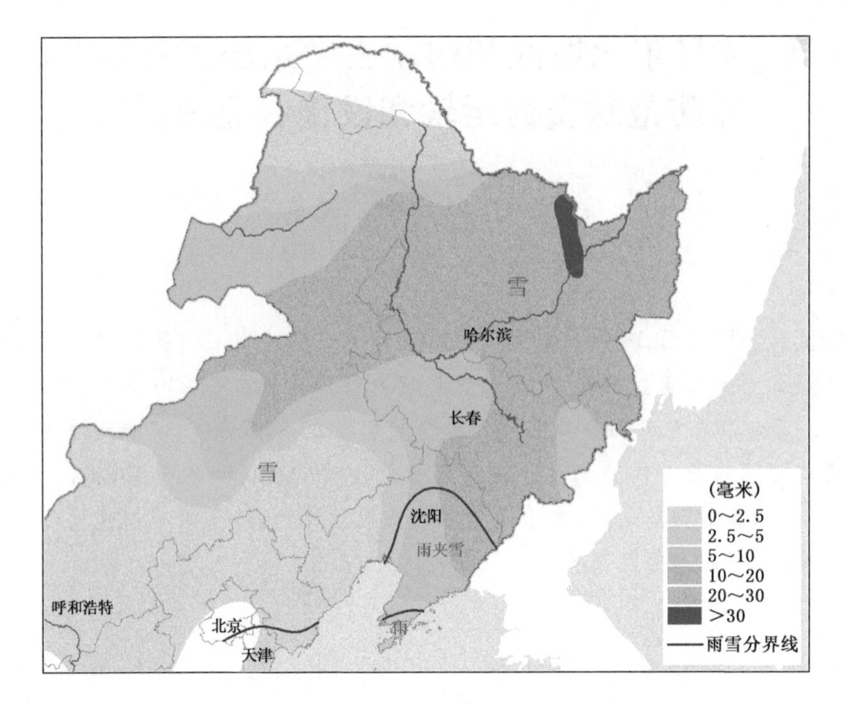

图1-1　2015年12月1—4日降水量预报图

二、关注与建议

东北地区和内蒙古东部等地降雪量大、局地降雪可达极值强度，持续时间长，积雪深。建议：

(1)加强防范降雪对交通运输和城市运行的影响。降雪易导致路面积雪、结冰和能见度下降，需加强对公路、铁路、机场和城市交通枢纽及干线安全和应急管理，及时清除积雪和道路结冰，以防交通受阻，确保城市正常运行。降雪还可能导致室外通信和输电线路以及室外电力设备积雪或结冰，需加强巡查维护。

(2)防范积雪对设施农业、简易设施及畜牧业的影响。此次降雪量大，积雪厚并伴有大风，需提前加固温棚、简易房屋、圈舍、工棚等，及时清除棚顶积雪，同时做好温棚和牲畜防寒保暖工作。

(3)做好防寒保暖工作。加强供暖、供电和供气保障和调度，燃煤取暖用户需注意防范一氧化碳中毒。

第22号台风“彩虹”追平10月登陆我国最强台风记录，广东、广西部分地区遭受较大影响

赵慧霞　杨　琨　聂高臻　刘　璐

（国家气象中心　2015年10月7日）

摘要:2015年第22号台风“彩虹”于10月2日凌晨在菲律宾吕宋岛上生成,4日下午以强台风强度登陆广东省湛江市坡头区沿海;之后继续西行移入广西。“彩虹”登陆强度追平了1949年以来10月登陆我国最强台风记录,广东、广西部分地区遭遇狂风暴雨,尤其是台风外围云带出现龙卷风,致使广州和佛山出现较严重人员伤亡和大面积停电。

针对“彩虹”影响,中央气象台发布了最高级别的台风红色预警,中国气象局及时启动台风灾害应急响应,通过各种渠道提醒节日出行人员和涉海、涉岛旅游单位提早采取防御措施。

一、第22号台风“彩虹”概况及特点

2015年第22号台风“彩虹”于10月2日凌晨在菲律宾吕宋岛上生成,之后持续向西北方向移动,强度不断加强;3日14时加强为台风级,23时加强为强台风级;4日14时10分前后以强台风级在广东省湛江市坡头区沿海登陆(风力15级,50米/秒),18时前后移入广西境内;5日14时中央气象台对其停止编号(图1-2)。

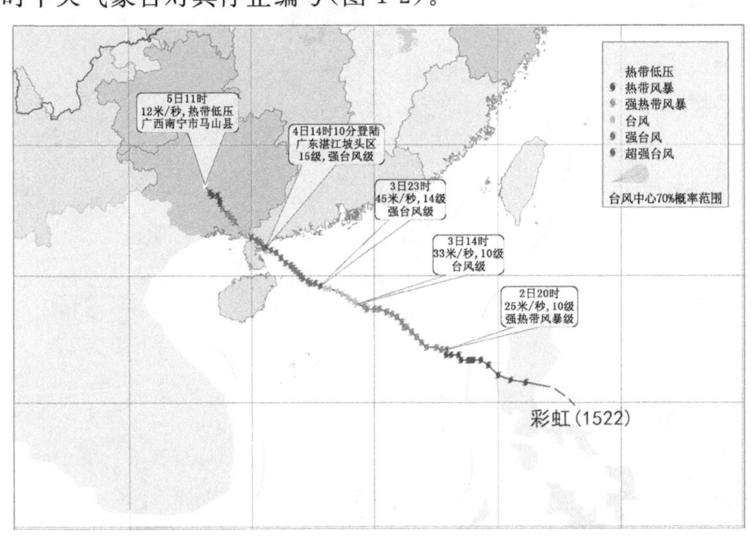

图1-2　2015年10月1—5日第22号台风“彩虹”路径图

台风“彩虹”具有以下特点：

发展速度快。台风“彩虹”于2日凌晨在菲律宾附近生成，当日13时即进入我国南海东部海域，并快速发展；3日下午至晚上先后加强为台风和强台风，中央气象台3日23时发布台风红色预警；之后，“彩虹”维持强台风强度至4日登陆。

登陆强度强，追平1949年以来10月登陆我国最强台风记录。“彩虹”以强台风登陆，登陆时中心附近最大风速达50米/秒，中心最低气压940百帕。“彩虹”追平1949年以来10月登陆我国台风最强记录(2005年台风“龙王”、2007年台风“罗莎”、1970年台风“Joan”均以强台风强度登陆，登陆时中心附近最大风速为50米/秒，见表1-1)。同时，“彩虹”也成为有记录以来仅次于2014年“威马逊”和1996年“Sally”的登陆广东第三强台风。

表1-1　1949年以来10月登陆我国最强的台风

中文名称	登陆风速(米/秒)	登陆气压(百帕)	登陆时间	登陆省	登陆市
龙王	50	940	2005年10月2日	台湾	花莲
罗莎	50	940	2007年10月6日	台湾	宜兰
彩虹	50	940	2015年10月4日	广东	湛江
Joan	50	963	1970年10月17日	海南	琼海

广东、广西等地出现强风暴雨。受“彩虹”影响，3日20时—6日08时，广东中西部、广西中东部、海南东北部和南部沿海、湖南西南部等地累计降雨100～250毫米，广东中西部、广西东部等地部分地区有260～500毫米，广东阳春和广西金秀局地510～557毫米(图1-3)；广东西南部及沿海、海南北部沿海、广西南部沿海出现9～11级阵风，广东西南部沿海局地13～17级，其中广东湛江麻章区湖光镇超过17级(67.2米/秒)。

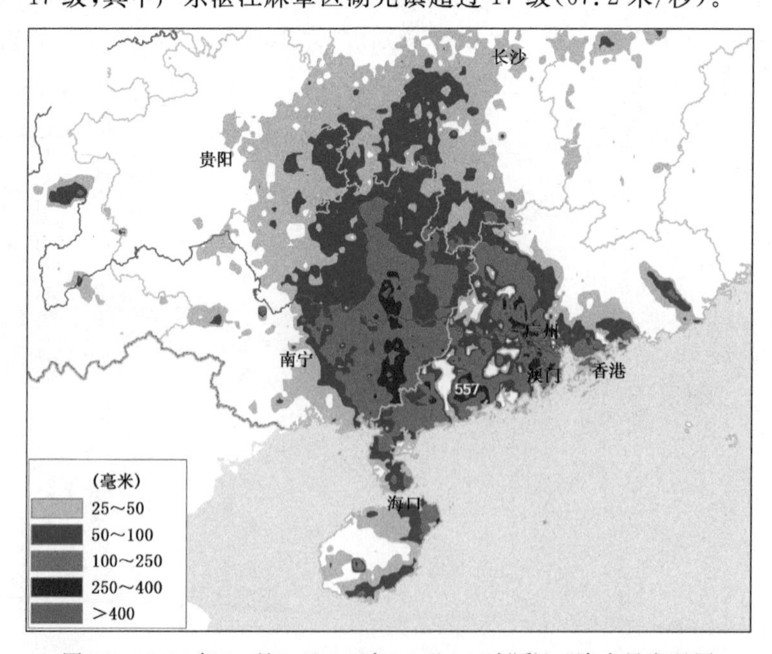

图1-3　2015年10月3日20时—6日08时“彩虹”降水量实况图

台风外围云带出现龙卷风并造成人员伤亡。4 日下午，在台风“彩虹”外围螺旋云带中，广东佛山顺德、广州番禺等地出现龙卷风，并造成广东 7 人死亡、200 余人受伤，广州番禺区北部和海珠区等地出现大面积停电。根据历史资料统计，在台风登陆期间，广东佛山、湛江、阳江等地也曾多次出现龙卷风，造成人员伤亡和经济损失。

二、广东、广西部分地区受灾严重，国庆假期旅游受较大影响

据当地民政和气象部门消息，截至 6 日下午，台风“彩虹”造成广东广州、佛山、湛江、茂名、阳江、云浮等地 353.4 万人受灾，18 人死亡，4 人失踪，紧急转移安置 17.04 万人，3374 间房屋倒塌，农作物受灾面积 28.27 万公顷，直接经济损失达 232.4 亿元；广西 196.07 万人受灾，2 人死亡，紧急转移安置 11.41 万人，972 间房屋倒塌，农作物受灾面积 9.82 万公顷，直接经济损失 9.19 亿元。

另外，“彩虹”影响期间正值国庆假日，广西、广东和海南旅游业受到严重影响。广东省旅游局启动旅游安全应急响应，珠江口及以西沿海地区滨海旅游、海岛旅游设施全部关闭清理；海南海口、三亚等地涉海景区关闭，琼州海峡全线停航；广西各大景区及海、陆、空等交通也作出调整或停运。10 月 5 日开始，上述地区的景区和交通陆续恢复。

三、关注与建议

为了做好台风“彩虹”的预报服务工作，中国气象局 3 日 08 时 30 分启动重大气象灾害(台风)Ⅲ级应急响应，4 日早晨提升为Ⅱ级应急响应；中央气象台提前发布台风红色预警。通过国家突发事件预警信息发布系统等渠道提醒节日出行人员和涉海、涉岛旅游单位提早采取防御措施。

值得注意的是，广东省因台风环流中产生的龙卷风导致多人伤亡，在未来的台风防御工作中，除了需要关注台风直接引起的强降雨和大风天气外，还需密切关注可能伴生的龙卷风等中小尺度灾害性天气的影响。

台风“灿鸿”灾害评估
—— 1949 年以来 7 月登陆浙江省最强台风

陈海燕　严洌娜

（浙江省气象台　2015 年 7 月 17 日）

摘要：强台风“灿鸿”于 7 月 11 日 16 时 40 分登陆浙江省舟山朱家尖，成为 1949 年以来 7 月登陆浙江省最强台风。根据评估，影响综合强度在浙江省 7 月登陆台风中排第 1 位，在所有登陆浙江省的 42 个台风中排第 15 位。浙江省委省政府高度重视，超常部署，科学防范，各地各部门精心组织，狠抓落实，全省实现了零伤亡（历史上 7 月登陆浙江省较严重的 4 个台风死亡人数为 25～213 人），将灾害损失降到了最低。被许多媒体评价为中国成功防御台风灾害的典型范例。

一、“灿鸿”概况

2015 年第 9 号台风“灿鸿”（英文名：Chan-hom，名字来源：老挝，名字意义：一种树）于 6 月 30 日 20 时在西北太平洋洋面上生成，7 月 7 日 02 时加强为台风，9 日 14 时加强为强台风，9 日 23 时成为超强台风，11 日 16 时 40 分在浙江舟山朱家尖登陆，登陆时强度为强台风，近中心最大风力 14 级（45 米/秒），中心气压 955 百帕，对浙江省部分地区造成严重风雨影响，登陆后转向北偏东方向移动，12 日对浙江省影响结束（图 1-4）。

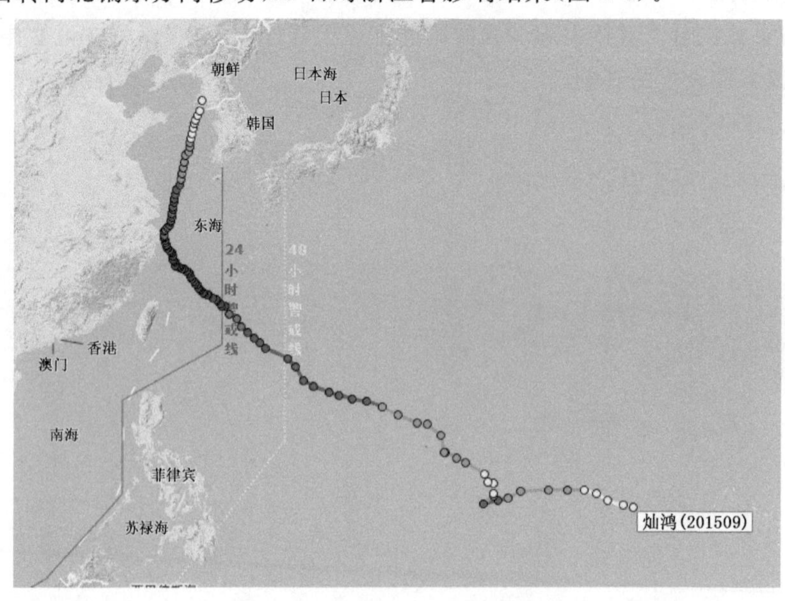

图 1-4　1509 号台风“灿鸿”路径图

二、“灿鸿”是1949年以来7月登陆浙江省最强台风

“灿鸿”登陆浙江省舟山朱家尖时为强台风强度，中心气压955百帕，近中心最大风力14级(45米/秒)，是1949年以来在7月登陆浙江省强度最强的台风，也是1949年以来第4个登陆舟山的台风，是强度最强的，离上一次登陆舟山(9806号台风)时隔17年。它有如下特点：

(一)三个台风共存，“灿鸿”移动路径复杂多变

6月底到7月初，西北太平洋上先后有3个台风生成，台风“灿鸿”和“莲花”共存7天，“灿鸿”和“浪卡”共存时间更长(8天以上)，三台风共存6天。“灿鸿”和“莲花”最近时相距1200千米左右，“灿鸿”和“浪卡”最近时相距1900千米左右。三台风共存，不仅三者之间产生相互影响，还与副热带高压及西风带天气系统产生复杂影响，并随天气形势的变化，台风的路径逐渐向东调整(图1-5)。

图1-5　2015年7月8日15时极轨卫星云图

(二)强度强，风力大，大风范围广，持续时间长

“灿鸿”在距离浙江省海岸最近约680千米的海面上开始加强为超强台风，一直到近海80千米左右都是超强台风强度，超强台风强度维持时间长达35小时，中心气压最低曾达925百帕，中心最大风速达58米/秒(17级)，7级风圈半径最大为460千米，10级风圈半径最大为180千米，加上登陆时是强台风强度，造成浙江省中北部沿海持续出现12～14级大风，最长持续时间达32小时左右，局部15～16级最长也持续了9小时左右，浙南沿海风力10～12级；内陆大部地区、江湖水面及杭州湾等持续出现7～10级大风，最长达24小时之久，其中8级风纵深约200千米、10级风纵深约50～100千米(图1-6)。瞬时风速实测最大为：定海克冲岗53米/秒(16级)、象山石浦49.3米/秒(15级)、舟山蚂蚁47.9米/秒(15级)。

（三）浙江东部地区暴雨强度强，累计雨量大

受“灿鸿”影响，舟山、宁波、台州、绍兴、杭州东部、金华东部等地普降暴雨，部分大暴雨，局部特大暴雨（图 1-7）。10 日 08 时—12 日 08 时，全省累计雨量 100 毫米以上覆盖面积约 2.5 万平方千米，200 毫米以上覆盖面积约 0.7 万平方千米。全省面雨量 69 毫米，其中宁波

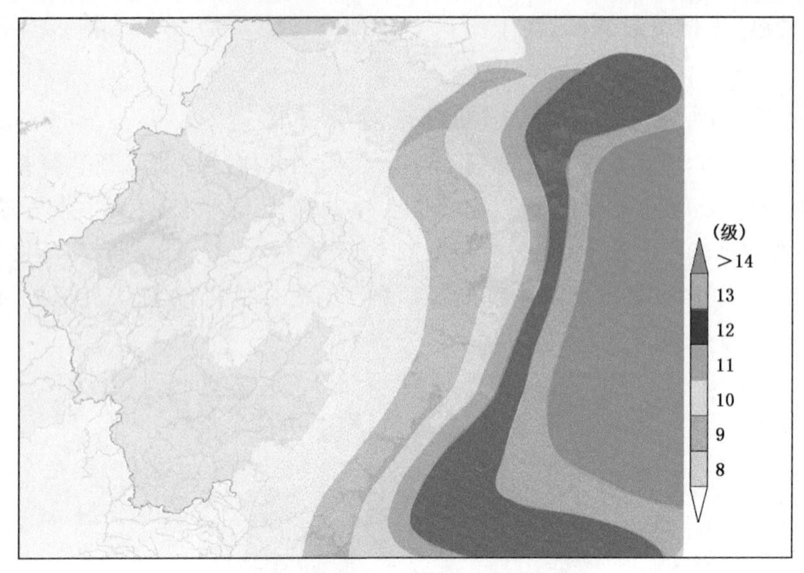

图 1-6 “灿鸿”过程极大风分布图

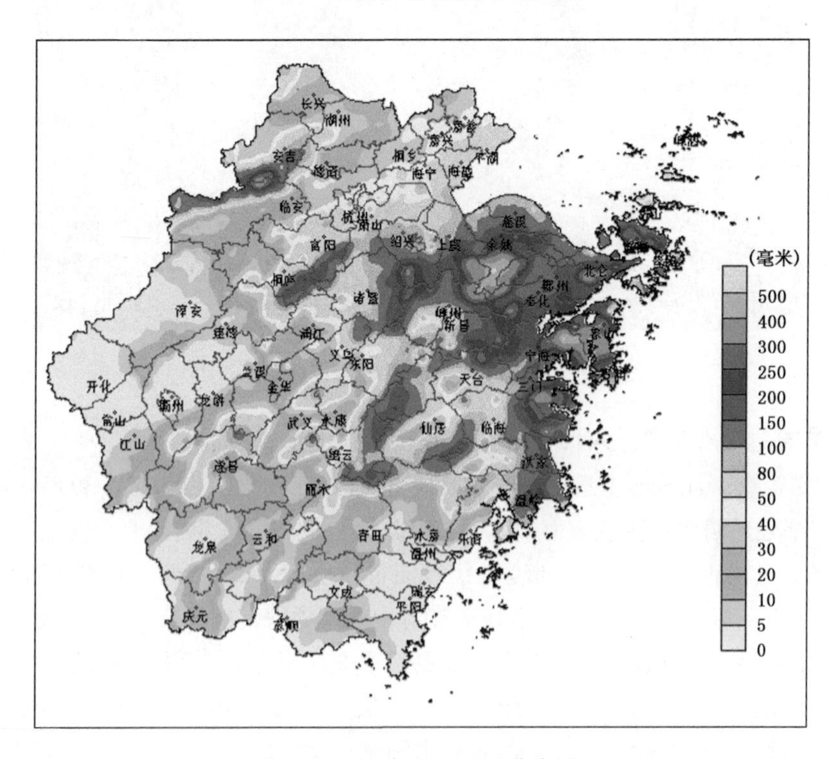

图 1-7 “灿鸿”过程雨量分布图

市189毫米、绍兴市129毫米、舟山市119毫米。县(市、区)面雨量较大的有余姚221毫米、象山212毫米、奉化202毫米、宁海200毫米、宁波鄞州196毫米、宁波江北183毫米、舟山定海181毫米、宁波北仑167毫米、三门164毫米、上虞158毫米;全省共有329个乡镇雨量超过100毫米,其中99个超过200毫米、27个超过300毫米、8个超过400毫米、3个超过500毫米;单站最大为余姚大岚镇丁家畈531毫米、余姚四明山镇棠溪528毫米、宁海力洋镇茶山525毫米、象山新桥镇491毫米、余姚鹿亭乡上庄491毫米、余姚大岚镇华山488毫米、宁海胡陈乡张韩469毫米、余姚四明山镇溪山463毫米、奉化溪口镇商量岗424毫米、余姚梁弄镇万家岙409毫米。1小时雨强超过30毫米的有31个乡镇,最大象山新桥镇63毫米;3小时雨强超过60毫米的有59个乡镇,其中25个超过80毫米、8个超过100毫米,最大为象山新桥镇160毫米、三门横渡镇湫水山125毫米、宁海力洋镇茶山120毫米。

(四)"灿鸿"在前期梅雨多、气温异常偏低形势下登陆浙江省,科学防灾要求高

2015年浙江省于6月7日入梅,入梅后浙江省出现三轮降雨集中期,至台风影响前夕(7月9日),全省平均梅雨量已达406毫米,超出常年梅雨量40%;持续降雨使浙江省山塘水库和江河水位总体偏高,太湖水位更居高不下,而山体土壤也普遍处于饱和状态,台风引发山洪、地质灾害、流域性洪水的风险加大。另外,7月上旬浙江省气温异常偏低,全省平均气温22.5℃,比常年同期偏低5.0℃,破1951年以来最低纪录;尤其7月5日至7日浙江省大部地区平均气温仅18~20℃,日最低气温16~18℃,约7成县市屡创当地历史新低。"灿鸿"在浙江省前期梅雨量偏多、气温异常偏低的形势下登陆浙江省,存在台风降水增大和异常气候背景加高水位迎台风的双重风险,对江河水库调度和科学防灾要求很高。

三、"灿鸿"综合致灾强度在7月登陆台风中排第1位

(一)综合致灾强度在7月登陆台风中排第1位,在42个登陆台风中排第15位

根据风雨强度、风暴潮及影响范围等综合评估,在1951年[①]以来7月登陆浙江省的台风中,"灿鸿"大风最强、范围最广,降雨强度与"8506号"台风大致相当,但影响时间较"8506"号台风早,异常程度高,综合评估为1951年来7月最强,在所有登陆台风中(42个)排第15位。"8506"号台风于1986年7月30日在玉环登陆,登陆时近中心最大风力13级(965百帕),该台风造成浙江省213人死亡。1951年以来7月登陆浙江省的11个台风(不含"灿鸿")平均死亡人数86人;42个登陆台风中排第16到18位的平均死亡人数为158人。而这次台风防御实现"零"死亡,实属奇迹(表1-2)。

(二)综合致灾强度是登陆舟山四个台风中最强

"灿鸿"之前,1949年以来有三个台风登陆舟山,分别是4906号、7910号和9806号台风,从登陆时的台风强度、风雨综合影响来看,2015年登陆的台风"灿鸿"的致灾强度是最强的,也是唯一一个登陆舟山未造成人员死亡的台风(表1-3)。

---

① 1949年浙江省没有风雨等实况资料,4906号台风不参与评估。

表 1-2　1951 年以来 7 月登陆浙江省较重影响台风情况

台风编号	登陆情况		降水情况		大风情况		灾情	
	时间	强度（风力，级）	过程雨量（毫米）	极值（毫米）	过程风力（级）	极值（米/秒）	死亡人数（人）	直接经济损失（亿元）
5901	7 月 16 日	12	沿海 100～200，其他 25～100	乐清庄屋 375	沿海 8～10 局部 12	沿海局部 ＞40	25	0.12
8506	7 月 30 日	13	沿海和浙北 100～200，局部 200～400	乐清山岙头 515	沿海 8～10 局部 12	玉环 47	213	3.14
8707	7 月 27 日	11	沿海 100～200，局部 200～300	瑞安桐溪 284	沿海 8～10 局部 12	玉环 41	116	5.64
8909	7 月 21 日	13	浙中南 100～200，局部 200～400	仙居曹店 407	沿海 8～10 局部 11～12	石浦 58	132	12.80
1509	7 月 11 日	14	浙中北东部地区 100～250 局地 300～500	余姚丁家畈 531	中北部沿海 12～14，局部 15～16	定海克冲岗 53	0	87.15

（三）致灾强度为严重到特重等级的有 12 个县市

根据风、雨、潮综合评估，舟山地区和宁波地区为“特重到严重”等级，绍兴东部和台州北部为“严重”等级，其他为“中等”或“轻度”影响等级。县（市、区）为“特重”和“严重”等级的依次为：普陀、象山、余姚、定海、岱山、上虞、鄞州、三门、宁海、奉化、镇海和北仑（图 1-8）。

表 1-3　1949 年以来登陆舟山台风情况

台风编号	登陆情况		降水情况		大风情况		灾情	
	时间	强度（风力，级）	过程雨量（毫米）	极值（毫米）	过程风力（级）	极值（米/秒）	死亡人数（人）	直接经济损失（亿元）
4906	7 月 24 日	12	缺	缺	缺	缺	170	缺
7910	8 月 24 日	12	沿海和浙北 50～150，局地 200 左右	鄞州大皇山 457	沿海 8～10 局地 12	石浦 52	51	1.80
9806	9 月 19 日	10	浙东北 50～100	余姚夏家岭 334	沿海 8～10	普陀 39	1	7.80
1509	7 月 11 日	14	浙中北东部地区 100～250，局地 300～500	余姚丁家畈 531	中北部沿海 12～14，局部 15～16	定海克冲岗 53	0	87.15

（四）防灾救灾效益高，灾害损失降到最低

受“灿鸿”影响，舟山、宁波、绍兴、台州等地因大风和暴雨影响，受灾较重，主要表现为：农作物、水产养殖受损严重；堤防、公路、电力、通信等基础设施损毁，城市行道树大面积折断；舟山市区、宁波市区、象山、上虞、新昌等地部分城区受淹，局部山区发生小流域山洪与地

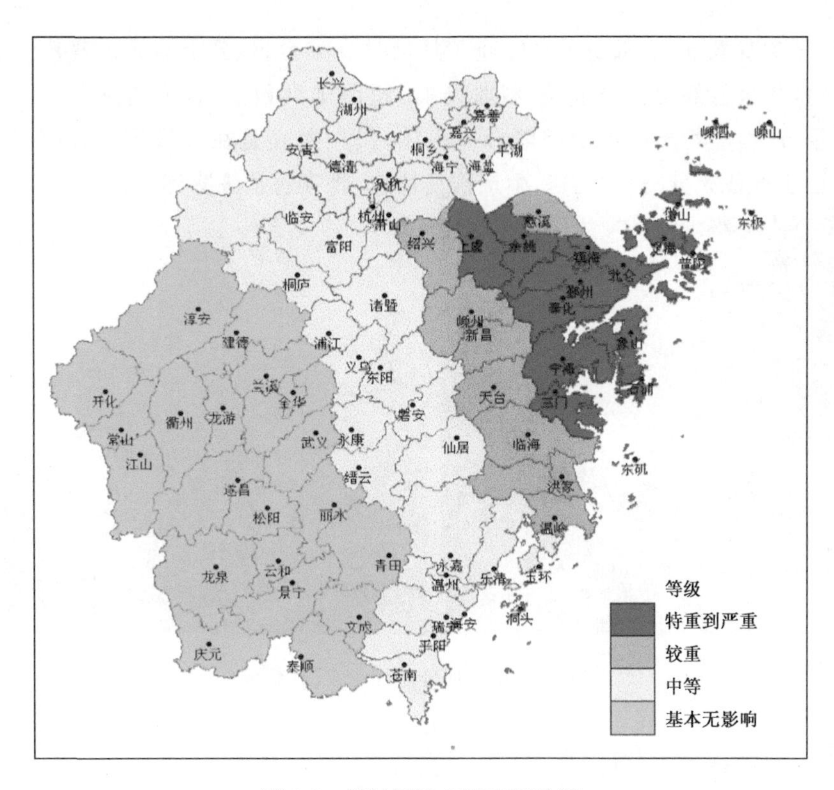

图 1-8 “灿鸿”致灾强度评估图

质灾害等(图 1-9,图 1-10)。据浙江省防汛抗旱指挥部统计,截至 12 日 18 时,全省受灾人口 221 万人,紧急转移 113 万人,因灾倒塌房屋 1336 间;农作物受灾面积 20.86 万公顷,成灾面积 8.04 万公顷,水产损失 18.2 万吨;停厂工矿企业 25990 家,公路中断 708 条次,供电中断 1716 条次,通信线路中断 539 条次;损坏堤防 1430 处 139.2 千米,堤防决口 65 处 4.58 千米。因洪涝灾害造成的直接经济损失 87.15 亿元。

图 1-9 舟山地区部分受灾图

(a:普陀区;b:金塘岛)

在气候异常背景下，梅汛期高水位迎7月最强登陆台风，省委省政府高度重视，超常部署，指挥有力，各地各部门众志成城，科学防御，超前排洪预泄，合力防灾救灾，实现了零伤亡，与相同季节、强度相当的历史登陆台风相比，损失尤其是在人员伤亡方面，防御效益显著。另外，由于准备充分，救灾迅速，生产恢复快速，将灾害损失降到了最低。

图1-10　宁波部分地区受灾图(慈溪)

四、台风路径精细化预报水平得到提高

浙江省气象台承担了浙江省的台风路径、强度和风雨影响预报，根据众多国内外气象机构台风预报，结合自身技术和浙江实际，综合做出最优预报，并高频次滚动更新，尤其是3小时一次、登陆前后1小时一次滚动发布的《台风警报单》，比其他国内外气象机构更有优势。

(一)省气象台24小时台风路径预报平均误差为79千米

对“灿鸿”登陆点预报，中外各家预报机构随着登陆时间接近均有一个向北向东调整过程。通过分析检验，省气象台6小时路径预报平均误差为40千米，12小时平均误差为54千米，24小时平均误差为79千米，48小时和72小时误差分别为144千米和261千米。

(二)大风预报与实况较为接近

省气象台在台风影响前的72小时到24小时都比较准确地预报了海上大风开始时间(9日)、12级以上大风持续时间(20～30小时)、大风强度(12～14级，局部15～16级)以及陆地和江湖水面的起风时间、落区和强度。另外，每6小时滚动发布的大风预报与实况更为接近。

(三)台风严重影响地区暴雨预报基本准确，但基层定量化预报水平还有差距

“灿鸿”影响前48小时的过程雨量预报，强降水落区偏南；但影响前24小时过程雨量预报，雨型分布与实况基本一致，受灾严重的舟山、宁波、绍兴等地区强降水的量级预报基本准确，尤其是最大降水极值可达300～500毫米，与实况也比较吻合，而温州和台州南部降水预报略偏大，基层气象台降水定量化、精细化水平还有待提高。

五、问题与建议

在这次台风防御工作中，浙江省委省政府和浙江省防汛抗旱指挥部高标准、严要求，指挥有力，调度有方。面对 7 月浙江省最强登陆台风，取得了零伤亡的成绩。但在预报精准化和防灾减灾科学化、法治化、标准化等方面仍有提升空间。

(1)加强基层和海洋气象灾害监测预报预警能力建设。从目前的台风监测预报综合水平看，无论是路径还是风雨，其准确性已有改善，对省级层面的防御组织具有较好的决策参考价值。但对于到市县、乡镇单元，防御工作需要更精准的风雨监测预报，更高频次的滚动预报预警。因此，需要加快推进县域突发暴雨精细化监测预警工程和海洋经济发展气象保障工程建设，加强基层和海洋气象灾害监测预警能力，更好地满足防灾减灾需求。

(2)加快推进以气象灾害预警为先导的法治化的社会响应机制建设。2013 年“菲特”台风特大暴雨之后，浙江省委省政府高度重视全社会应急响应机制建设，部分市县政府出台了应对极端天气事件的停课停工等制度。在这次台风中，部分地区方便面、矿泉水销量明显加大，社会公众防范和自救意识明显增强。因此，要加快相关立法进程，出台防灾减灾公民行动指南，建立起以灾害预警为先导的社会应急响应规则，明确社区、社会组织、住宅小区、企事业单位在灾前防御、灾中响应自救、灾后恢复重建中的义务和责任。

(3)建立和完善城市广告牌、简易用房等防灾标准。城市灾害具有放大效应和连锁效应，城市灾害不仅经济损失大，还会使城市生态环境发生变异而引发一系列次生灾害和公共危机事件。这次台风灾害一定程度上暴露出城市在大型广告牌、简易用房、工棚等设施管理上的不足。应在灾害普查的基础上，结合各地历史气候资料和经济社会发展情况，明确城市各类设施特别是易受台风影响的简易建筑物的防风、防雨、防洪设计标准，为有关部门做好针对性防范和应急救援工作提供依据。

“苏迪罗”8日下午到上半夜将正面袭击福建省

江晓南　蒋玉云　高珊
（福建省气象台　2015年8月6日）

摘要：“苏迪罗”将于7日夜里到8日凌晨登陆台湾，8日下午到上半夜将正面袭击福建省，带来严重风雨影响。请注意做好防范工作。

一、“苏迪罗”动态

第13号台风“苏迪罗”6日14时中心位于西北太平洋洋面上，距离台湾花莲东偏南方约850千米，即北纬20.9度、东经129.2度，中心气压945百帕，中心附近最大风力15级（48米/秒，强台风级）。

“苏迪罗”将以每小时20～25千米的速度继续向西偏北方向移动，强度将有所加强，逐渐向台湾靠近，预计于7日夜里到8日凌晨登陆台湾东部，穿过台湾，8日下午到上半夜正面袭击福建省，带来严重风雨影响（图1-11）。

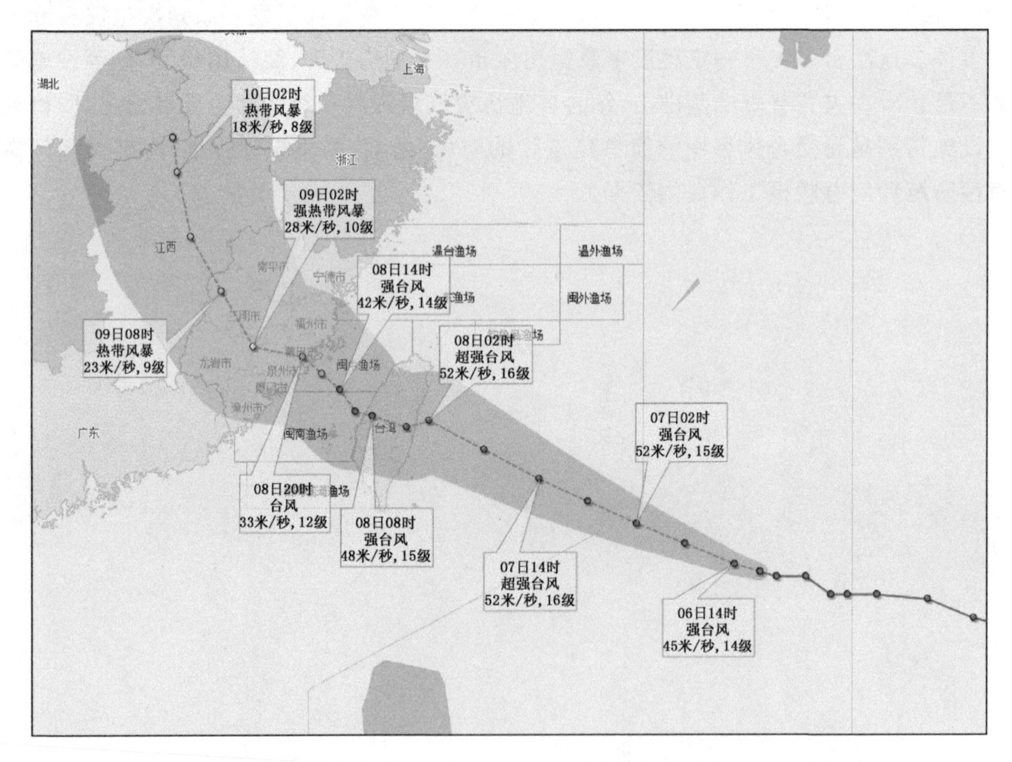

图1-11　2015年8月6日14时—10日14时台风“苏迪罗”路径预报图

二、风的影响

(一)渔场和沿海大风预报

6 日夜里至 7 日，钓鱼岛、闽外、闽中和闽东渔场风力逐渐增强至 10～13 级，闽南和台湾浅滩渔场风力达 8～10 级；中北部沿海风力也逐渐增强至 8～10 级。

8 日，闽东、闽中、闽南和台湾浅滩渔场风力可达 10～13 级，钓鱼岛、闽外渔场风力逐渐减弱至 9～10 级；全省沿海风力可达 10～13 级，台风中心经过的附近海面风力可达 13～15 级。

9 日，全省沿海和各大渔场风力逐渐减弱至 7～9 级(图 1-12)。

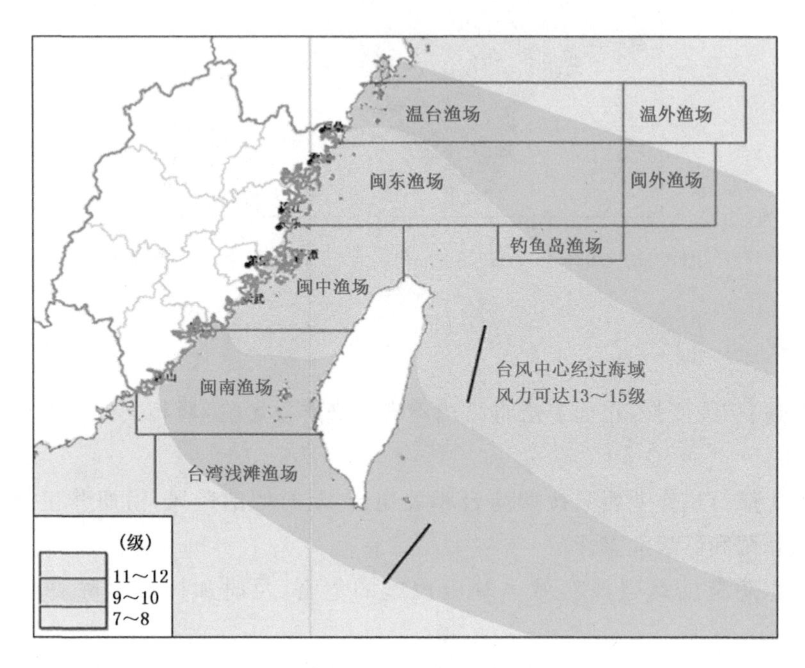

图 1-12 大风预报图

(二)陆地大风预报

8 日沿海县市有 8～11 级大风，台风中心经过的区域风力可达 12～13 级。

三、雨的影响

7 日夜里，中北部沿海地区有暴雨，局部大暴雨。

8 日，中北部沿海地区有暴雨到大暴雨，局部特大暴雨；其余地区有暴雨。

9 日，北部和内陆地区有暴雨；其余地区有大雨，局部暴雨。

预计过程雨量中北部沿海地区达 200～400 毫米，局部超过 500 毫米；其余地区可达 100～200 毫米，局部超过 200 毫米(图 1-13)。

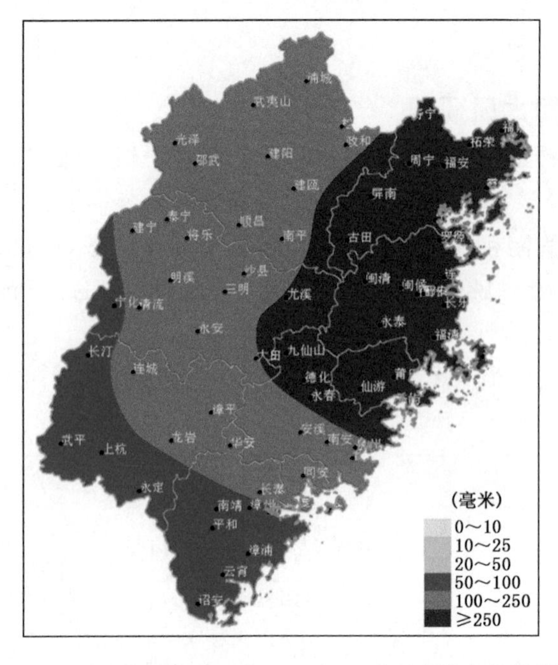

图 1-13　2015 年 7 日 08 时—10 日 08 时过程降水量预报图

四、关注与建议

台风“苏迪罗”强度强，正面袭击将给福建省带来严重影响，请相关部门及时做好防台应急准备工作。

(1)请海上航行或作业船只按照防台相关规定，及时回港避风，沿海养殖设施需提前加固，防范强风暴雨和巨浪危害。

(2)请注意防范陆地强风对城乡基础设施的危害，及时加固或拆除易被风吹动的搭建物。

(3)各地请注意防范台风强降水可能引发的城乡积涝、山洪和地质灾害。

台风“彩虹”将于4日正面袭击粤西，气象灾害应急响应已升级为Ⅱ级

汪瑛　程正泉　曾沁
（广东省气象局　2015年10月3日）

摘要：3日22时“彩虹”中心位于湛江市东南方约310千米的南海北部海面上，中心附近最大风力13级(38米/秒)。预计，“彩虹”将以20千米左右的时速向西北方向移动，强度有所加强，并可能于4日白天以台风或强台风级(13～14级)在粤西或海南东北部沿海登陆，最大可能于4日中午前后在雷州半岛沿海登陆。3日夜间至4日，广东海面、南海中北部海面风力11～13级。4—5日，粤西市县有暴雨到大暴雨局部特大暴雨，其中4日伴有11～13级大风；珠江三角洲南部市县有大雨到暴雨。广东省重大气象灾害应急办公室已于3日22时将气象灾害(台风)Ⅲ级应急响应升级为Ⅱ级，请做好相关防御工作。

一、台风“彩虹”动态

3日22时，台风“彩虹”中心位于湛江市东南方约310千米的南海北部海面上，也就是北纬19.5度、东经113.0度，中心附近最大风力13级(38米/秒)，中心最低气压965百帕。

预计“彩虹”将以20千米左右的时速继续向西北方向移动，强度有所加强，并可能于4日白天以台风或强台风级(13～14级)在粤西或海南东北部沿海登陆，最大可能于4日中午前后在雷州半岛沿海登陆。

受“彩虹”影响，广东沿海和海面已经出现7～9级大风，阵风10级；外围雨带已经开始影响广东省南部沿海市县。

根据《广东省气象灾害应急预案》规定，省重大气象灾害应急办公室已于3日22时将气象灾害(台风)Ⅲ级应急响应升级为Ⅱ级。

二、未来几天天气预测

受“彩虹”影响，3日夜间至4日，广东省海面和沿海市县风力持续加大；4—5日，粤西市县有暴雨到大暴雨，珠江三角洲南部市县有大雨到暴雨。具体预报如下：

3日夜间，粤西和珠江三角洲南部市县阵雨转中到大雨局部暴雨；其余市县多云为主，有阵雨。

4—5日，粤西市县有暴雨到大暴雨，局部特大暴雨，珠江三角洲南部有大雨到暴雨，河源和梅州市有阵雨局部大雨，其余市县有中雨到大雨，局部暴雨。粤西沿海市县4日将有11～13

级大风，阵风 14 级。

6 日，广东省风雨减弱，粤西和珠江三角洲西部市县有小到中雨，其余市县多云有分散阵雨。

7 日，粤北市县有中雨，其余市县多云有阵雨。

海面大风预报：3 日夜间至 4 日，粤东海面有 7～8 级大风，阵风 9～10 级，粤西海面和珠江口外海面、南海中北部海面有 10～12 级大风，阵风 13 级，其中，“彩虹”中心经过的附近海域风力可达 13～15 级。

广州市：3 日夜间至 4 日，中雨到大雨，24～27℃；5 日，阴天，有小到中雨，24～29℃；6 日，多云，25～30℃；7 日，多云转阵雨，25～30℃。

三、关注和建议

(1)当前正值国庆假期出游高峰，沿海和海岛旅游需高度注意安全。

(2)珠江口及以西沿海市县近海海域作业渔船、渔排作业人员需迅速回港或上岸避风；沿海市县需做好建筑工棚、人工构筑物、户外广告牌、道路绿化树木等的防风加固工作。

(3)粤西和珠江三角洲有强降水，易引发城乡积涝、局地山洪及山体滑坡等地质灾害，请注意做好监测和防御工作。

8—10日云南将出现强降温、强降雨天气过程，需注意防范低温冰雪灾害

海云莎　梁红丽　赵宁坤　周德丽
（云南省气象台　2015年1月6日）

摘要：8日夜间到10日，云南大部将有一次强降温、强雨（雪）天气过程，将对农业生产、交通运输、群众生活等造成不利影响，滇西南、滇南地区需特别注意防范滑坡、泥石流等地质灾害。

一、1月8—10日云南将出现强降温、强雨(雪)天气过程

受南支槽和强冷空气共同影响，预计8日夜间到10日云南大部将有一次强降温、强雨（雪）天气过程（图1-14、图1-15）。昆明以东地区将会出现中到大雪，局部暴雪，日最高气温普遍下降10～12℃、局地可达14℃以上，滇中以北地区日最低气温将降至0℃以下；滇西南地区将出现大到暴雨天气。

8日夜间到9日白天滇中及以东以南地区将出现15～25毫米的降雨，普洱、西双版纳、红河西部、玉溪南部可达40～60毫米；9日夜间到10日昆明以东地区将由雨转雪，昭通、曲靖、昆明东部、玉溪北部、文山北部、红河北部将出现中到大雪，局部暴雪；11日全省大部雨雪天气明显减弱，气温缓慢回升。

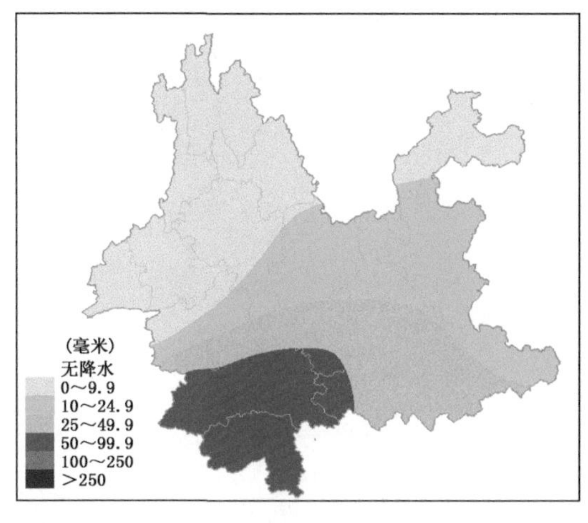

图1-14　2015年1月8—10日云南省过程累计降水预报图

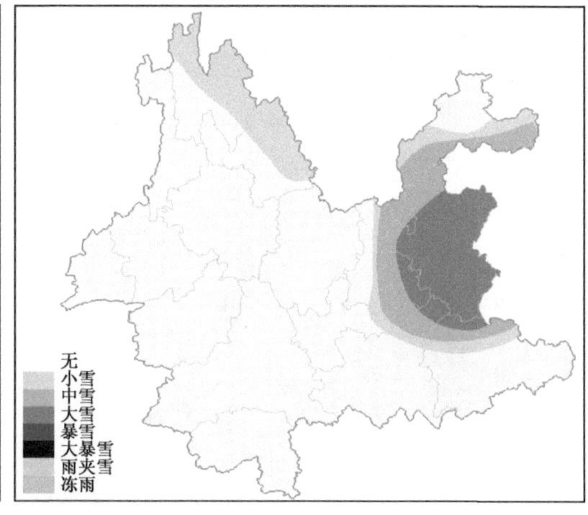

图1-15　2015年1月8—10日云南省雨雪落区预报图

二、关注重点和建议

（1）强冷空气造成的强降温可能使云南省中部及以东地区的经济作物（花卉、蔬菜、药材等）受冻害，需要采取有效措施以减少损失。

（2）中部及以北地区最低气温将降到0℃以下，需做好人、畜的防寒保暖工作。

（3）降雪和凌冻天气将造成道路结冰，严重影响交通安全，需注意防范。

（4）需注意防范滇西南、滇南地区强降雨可能引发滑坡、泥石流灾害。

（5）强降温降雨过程结束后，天气转晴，将伴随出现夜间辐射降温和霜冻，需特别注意防范低温、霜冻对经济作物的影响。

1—3 日黑龙江省大部将有暴雪天气

孙琪　袁美英　钟幼军

（黑龙江省气象台　2015 年 11 月 30 日）

摘要：预计 12 月 1 日下午至 4 日白天，黑龙江省自西向东将有一次强风雪天气。此次降雪范围广、时间长、强度大，积雪较深、风力较大，是入冬以来最大的一次降雪过程。提醒各生产部门注意防范此次降雪过程可能带来的不利影响。

一、风雪天气预报

预计 12 月 1 日下午至 4 日白天，黑龙江省自西向东将有一次强风雪天气。其中 1 日夜间至 3 日为降雪集中时段，伊春、齐齐哈尔北部、绥化北部、哈尔滨东北部、鹤岗、佳木斯、双鸭山、七台河、鸡西、牡丹江有暴雪，过程降雪量达 10～20 毫米，局地有大暴雪（可超过 25 毫米），大兴安岭有小雪，其他地区有中到大雪（5～10 毫米）。另外，2－4 日全省大部有 5～6 级风（图 1-16）。

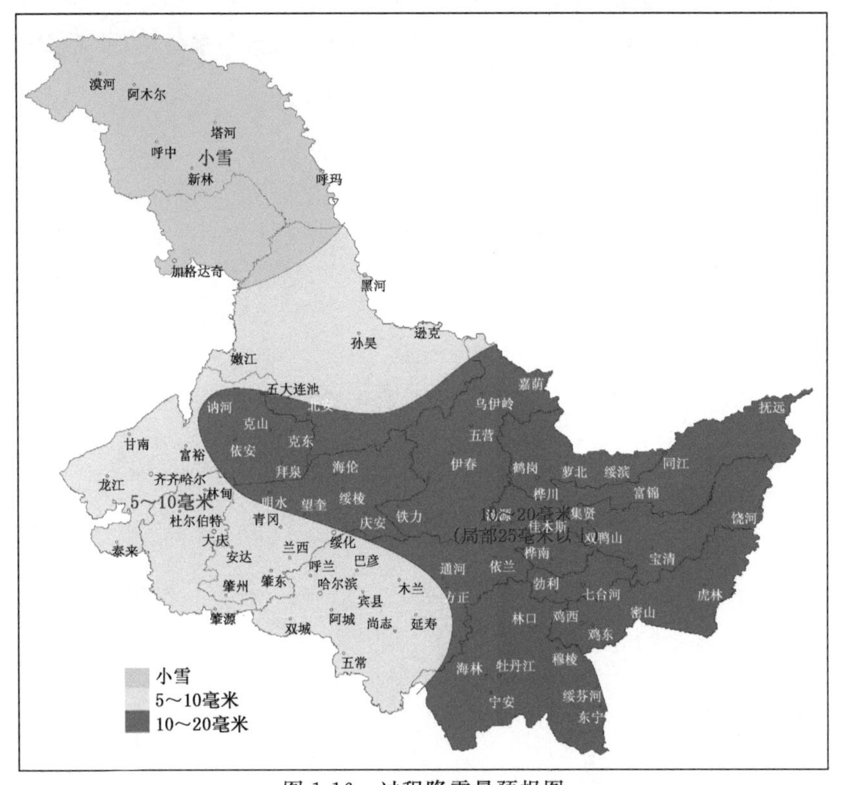

图 1-16　过程降雪量预报图

二、预期影响分析

此次降雪范围广、时间长、强度大，积雪较深、风力较大，是入冬以来最大的一次降雪过程。降雪和大风将对公路、铁路、民航交通运输造成严重影响，对温室大棚、临时搭建物、危房、粮食仓储、畜牧业、电力设施等也有不利影响；同时将给黑龙江省人民生产生活带来不利影响。但此次降雪有利于促进冰雪旅游，利于土壤保墒，降雪期间黑龙江省空气质量将进一步改善。

三、建议

提醒各生产部门注意防范此次降雪过程可能带来的不利影响。

(1)风雪对交通运输影响大，机场、公路、铁路及市区要做好清冰雪准备工作，交通部门密切关注降雪情况，适时关闭、开放高速公路、机场等设施；

(2)降雪期间能见度较差，雪后路滑，行人和司机注意交通安全，城市内交通可能出现堵塞，请合理安排出行时间；

(3)积雪和大风可能破坏电力通信线路和设备，压塌建筑物屋顶、棚靠、广告牌等，注意加固和清理冰雪；

(4)加强粮食仓储管理，东南部地区应尤其注意。可在雪前覆盖，或随时清除粮仓积雪、清除后加以覆盖，防止雨雪渗入，雪停后及时查看、通风；

(5)做好温室大棚生产管理。随时清除温室大棚积雪，预防暴雪垮棚，看天管理，调节好棚室内温湿度。

28—29日沿江苏南西部地区将出现大到暴雪

刘梅　田心如　魏建苏　濮梅娟
（江苏省决策气象服务中心　2015年1月28日）

摘要：1月27日上午起，江苏省沿江苏南及江淮之间西部地区出现雨夹雪转雪天气，部分地区出现积雪。预计28—29日，江苏省沿江苏南西部地区将出现大到暴雪，降雪量5～10毫米，局部15毫米，积雪深度5～12厘米。30日最低气温，淮北地区－3～－4℃，有冰冻。建议有关部门注意防范雨雪冰冻天气对交通、设施农业、城市运营、人民生活的不利影响。

一、雨雪实况

1月27日上午起，江苏省沿江苏南及江淮之间西部地区出现雨夹雪转雪天气，27日08时—28日08时累计雨雪量0.1～9.3毫米，沿江苏南西部、江淮之间西部及苏南东南部部分地区出现积雪，28日08时积雪深度0.4～4.0厘米（六合4.0厘米、溧水3.3厘米、南京3.0厘米、高淳3.0厘米、浦口2.5厘米、仪征2.4厘米、溧阳2.0厘米）。

二、28—29日沿江苏南西部地区将出现大到暴雪

预计，28—29日，江苏省沿江苏南西部地区将出现大到暴雪，降雪量5～10毫米，局部15毫米左右，积雪深度5～12厘米；其他地区有小到中雪。30日最低气温，淮北地区－3～－4℃，有冰冻，其他地区0℃左右。具体预报如下：

28日，白天江淮之间南部和苏南地区阴有小雨夹雪或小雪，其他地区阴；夜里沿江苏南西部地区阴有中到大雪，淮北地区阴有小到中雪，其他地区阴有雨夹雪或雪，雨雪量小到中等；最低气温：淮北地区－3℃左右，本省东南部地区0～1℃，其他地区0～－1℃。

29日，沿江苏南西部地区有中到大雪，局部暴雪，沿江苏南东部和江淮之间阴有雨夹雪或雪，雨雪量中等，其他地区阴有小雪并渐止转阴；最低气温：淮北地区－1～－2℃，本省东南部地区1～2℃，其他地区0℃左右。

30日，苏南地区阴有小雪并渐止转阴，其他地区阴转多云。最低气温：淮北地区－3～－4℃，有冰冻，本省东南部地区1℃左右，其他地区0～－1℃。

三、防御建议

（1）加强交通运输管理工作。及时清除城市、高速公路、省道等路面的积雪积冰，尽力保证道路行驶安全；同时做好主要高速干线交通疏导工作，缓解雨雪影响路段的运输压力；加强火车站、长途客运站和机场等交通枢纽的乘客数量监控，减少滞留。

(2)做好设施农业防雪防冻工作。提前加固大棚;及时清理设施积雪,防止大棚倒塌;及时清除棚外积雪和积水,防止雪水倒渗进棚内;采取大棚内加设小弓棚、加盖草苫、多层覆膜、室内补温控水等措施调控温度湿度,增强设施保温抗寒能力。

(3)做好园林树木维护工作。及时清扫树木积雪,尤其要防范大雪压断行道树枝,影响行人和交通安全。

(4)做好水、电、蔬菜、农副产品等供应工作,保障人民正常生产生活。

台风“天鹅”将影响吉林省，需做好防汛及水库蓄水工作

杨雪艳　倪惠　张梦远
（吉林省气象台　2015年8月24日）

摘要：受2015年第15号台风“天鹅”的影响，预计8月26—29日吉林省将有一次明显降水天气过程，延边东部有暴雨，部分地方有大暴雨，最大降水量可达150毫米，吉林、白山东部、延边西部和长白山保护区有大到暴雨，其他地区有中到大雨。建议东部山区要兼顾防汛和水库蓄水工作，防御内涝及山洪地质灾害，同时各地要预防台风带来的大风灾害。

一、台风“天鹅”动向及对吉林省影响预报

（一）台风“天鹅”动向

2015年第15号台风“天鹅”于23日20时由强台风级加强为超强台风级，随后于24日01时前后移入东海东南部海域，05时其中心位于日本九州岛长崎市南偏西方大约910千米的海面上（25.6°N、125.2°E），中心附近最大风力有16级（55米/秒），中心最低气压为930百帕，7级风圈半径为320～360千米，10级风圈半径为140～220千米，12级风圈半径为80～100千米。

预计台风“天鹅”将以每小时30千米左右的速度向东北方向移动，强度逐渐减弱，25日上午将登陆日本九州岛西部沿海，25日下午移入日本海，然后逐渐转向偏北方向移动，将于27日凌晨在朝鲜与俄罗斯交界附近沿海再次登陆，之后进入中国吉林省延边地区，转向西北移动（图1-17）。

（二）台风“天鹅”降水及大风预报

受台风“天鹅”影响，预计8月26日早晨到29日吉林省将有一次明显降水天气过程，东南部地区降水主要集中在26—27日，中西部地区降水主要集中在27—28日，延边东部有暴雨，部分地方有大暴雨，过程降水量为70～90毫米，最大降水量可达150毫米，吉林、白山东部、延边西部和长白山保护区有大到暴雨，过程降水量为35～70毫米，其他地区有中到大雨，过程降水量为18～35毫米（图1-18）。

另外，26—27日，西部和东南部有6～7级东北风或偏北风，瞬时风力可达8～9级，其他地区有6级左右偏北风，瞬间风力可达7级（图1-19）。

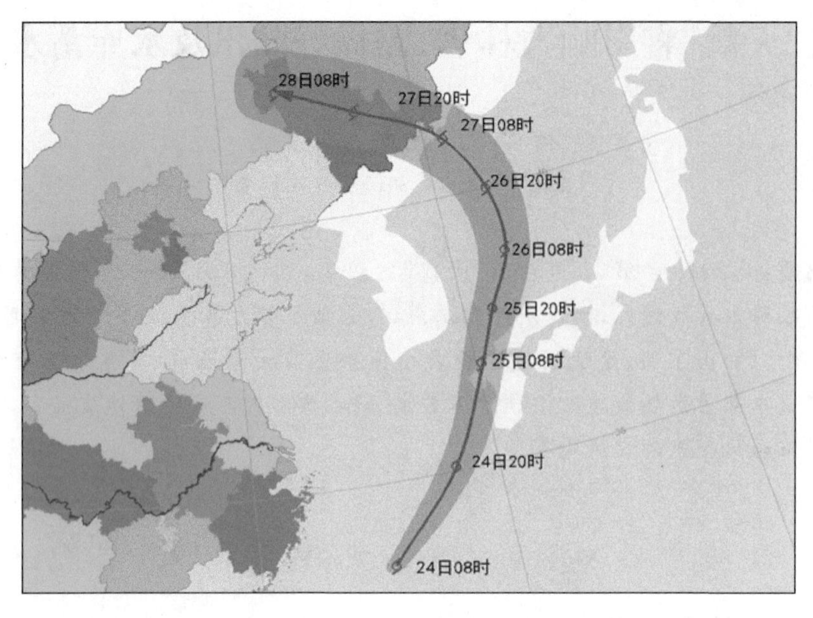

图 1-17　台风"天鹅"路径预报图

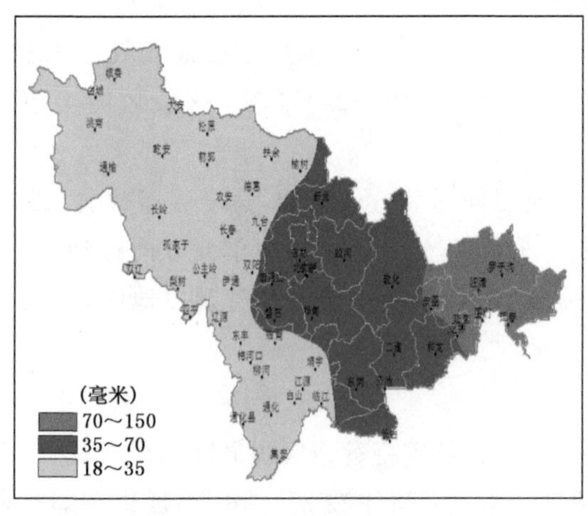

图 1-18　2015 年 8 月 26—29 日过程降水量预报图

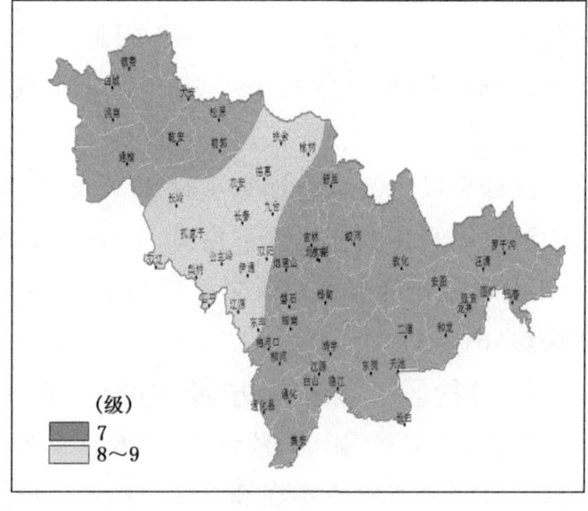

图 1-19　2015 年 8 月 26 日午后至 27 日瞬时最大风速预报图

二、分析与建议

(1)东部山区要防汛、蓄水两手抓。22 日延边东部已出现暴雨,这次台风暴雨与之重复,易出现汛情,因此,当地应根据水库水位情况做好防汛工作。对于已经接近或达到汛限水位的中小型水库,应提前放流,确保水库安全度汛。东部山区其他县市的大中型水库目前水位偏低,应以蓄水为主,利用降雨储备水资源。

(2)要预防内涝及山洪地质灾害。东部山区近期多雨,目前土壤水分饱和,因此,这次暴雨易引发低洼农田和村屯、城镇内涝,还可能导致山洪、滑坡和泥石流等灾害,暴雨山洪还可能损毁道路和桥涵,因此,提醒相关县市注意防御,并加强对险工险段的巡查和维护。

(3)要预防台风带来的大风灾害。此次过程,全省各地均有大风天气,注意预防由此引发的作物倒伏等灾害。

长江沿线及以北地区有大雨到暴雨，需注意防范地质灾害

刘婷婷 刘毅 陈贵川
（重庆市气象台 2015年9月22日）

摘要：预计2015年9月23日夜间至25日白天，重庆市将出现一次较强降雨天气过程，长江沿线及以北地区有大雨到暴雨。近期雨日较多，中部偏北及东北部地区地质灾害风险等级较高，需加强对地质灾害隐患点的监控。

一、天气趋势

预计9月23日夜间至25日白天，重庆市有一次较强降雨天气过程，主要降雨时段在23日夜间到24日夜间（图1-20）。长江沿线及以北地区大雨到暴雨（40～70毫米，局地100毫米以上），其余地区中雨到大雨（15～40毫米，局地40～60毫米）。最大小时雨量20～40毫米；降雨时，局地伴有雷电、短时阵性大风等强对流天气。

主城区：9月22日夜间到23日白天，分散阵雨转多云，21～27℃；23日夜间到24日白天，中雨到大雨（15～40毫米），20～24℃。

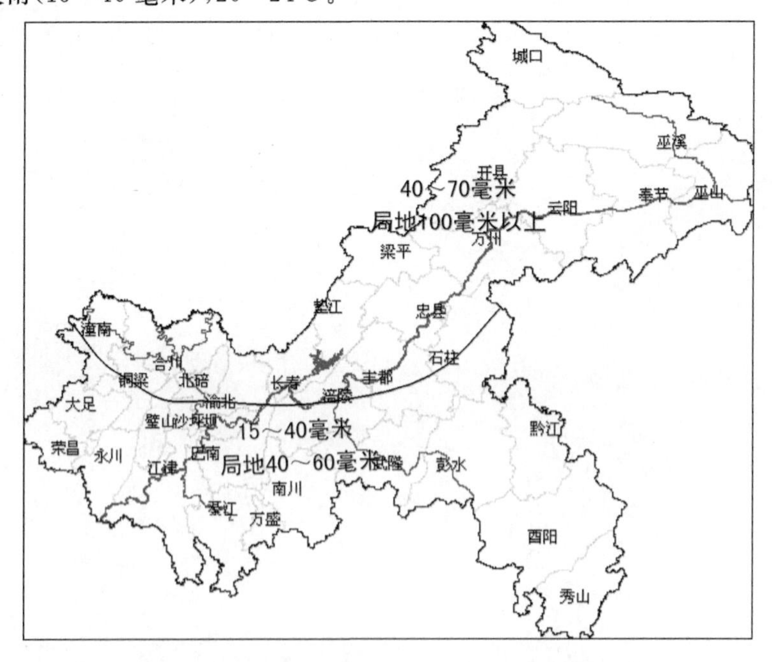

图1-20 2015年9月23日20时—25日08时降雨量预报图

二、重点关注

(1)近期重庆市雨日较多,中部偏北地区及东北部地区地质灾害风险等级较高(图 1-21),请注意地质灾害隐患点的监控,尤其需要加强新增滑坡点的监测和防范。

(2)注意防范雷电、大风等强对流天气。

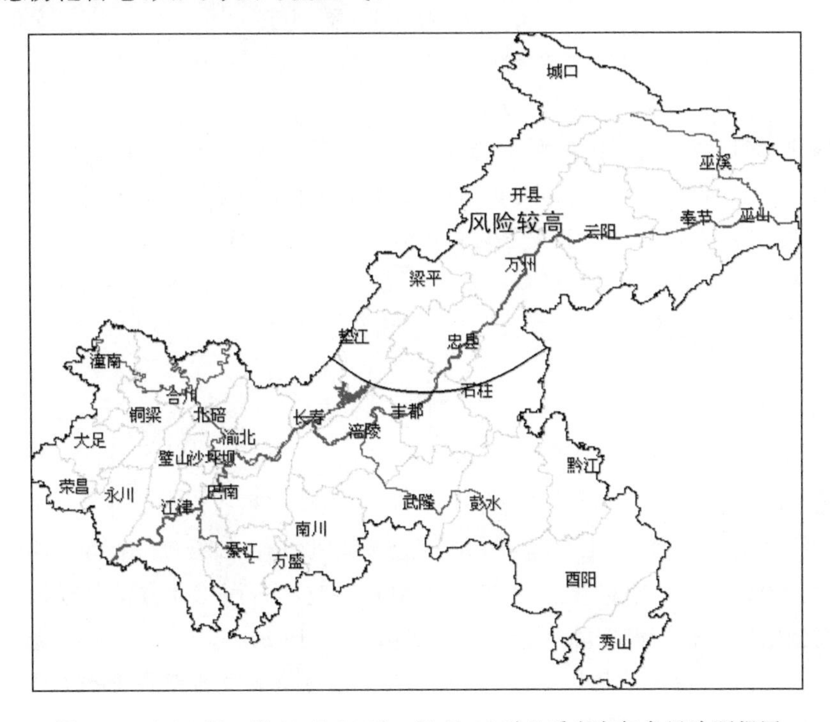

图 1-21　2015 年 9 月 23 日 20 时—25 日 08 时地质灾害气象风险预报图

“彩虹”已加强为强台风，将给广西壮族自治区带来严重的风雨天气

陆丹　陈业国　罗建英

（广西壮族自治区气象台　2015 年 10 月 4 日）

摘要：2015 年第 22 号台风“彩虹”3 日 23 时已加强为强台风级，将于 4 日中午前后在广东徐闻到电白一带沿海登陆；登陆后继续向西偏北方向移动，4 日傍晚前后以风力 12 级左右的台风强度从北海附近进入广西壮族自治区，并深入到广西壮族自治区内陆。受台风“彩虹”影响，4—6 日北部湾海面和广西壮族自治区大部地区将出现狂风暴雨天气，局地特大暴雨，各地需加强做好防御工作。

一、台风“彩虹”动态

2015 年第 22 号台风“彩虹”4 日上午 10 时位于距离广东省湛江市东南方向 100 千米的海面上（北纬 20.7 度、东经 111.2 度），中心附近最大风力有 15 级（50 米/秒），中心最低气压为 940 百帕。预计“彩虹”将以每小时 20 千米左右的速度向西偏北方向移动，4 日中午前后在广东徐闻到电白一带沿海登陆（强台风级，风力 14～15 级，45～50 米/秒）；登陆后继续向西偏北方向移动，4 日傍晚前后以风力 12 级左右的强度进入北部湾海面或从北海到博白一带进广西壮族自治区（图 1-22）。

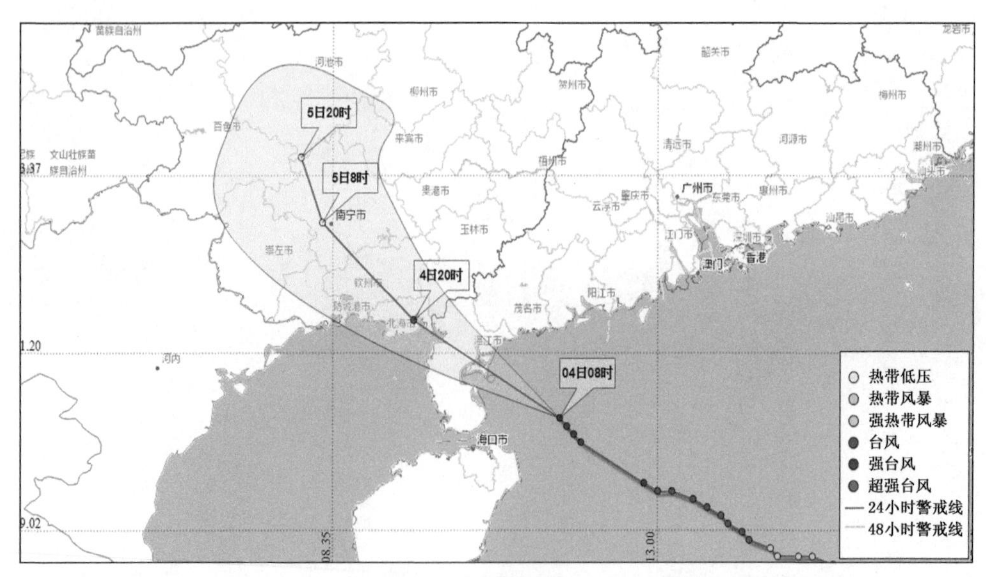

图 1-22　2015 年 10 月 4 日 08 时—5 日 20 时第 22 号台风“彩虹”路径概率预报图

二、台风“彩虹”风雨影响预报

预计北部湾海面：4 日白天到 5 日，大暴雨到特大暴雨，偏北风 6～7 级，逐渐加大到旋转风 10～11 级，阵风 12～13 级；6 日，大雨到暴雨，偏南风 5～6 级，阵风 7 级。

陆地天气预报：4 日白天到 5 日，北海、钦州、防城港、南宁、玉林、贵港、来宾、柳州、河池、百色等市的部分地区有暴雨，局部大暴雨或特大暴雨，广西壮族自治区其他地区有中到大雨，局部暴雨。沿海地区有 7～8 级，阵风 9～10 级大风；6 日，桂北、桂东部分地区有大雨到暴雨，局部大暴雨，广西壮族自治区其他地区有阵雨（图 1-23）。

广西壮族自治区气象台于 4 日 06 时 30 分发布台风红色预警，广西壮族自治区气象局已于 4 日 07 时 30 分提升重大气象灾害（台风）Ⅲ级应急响应为Ⅱ级应急响应。

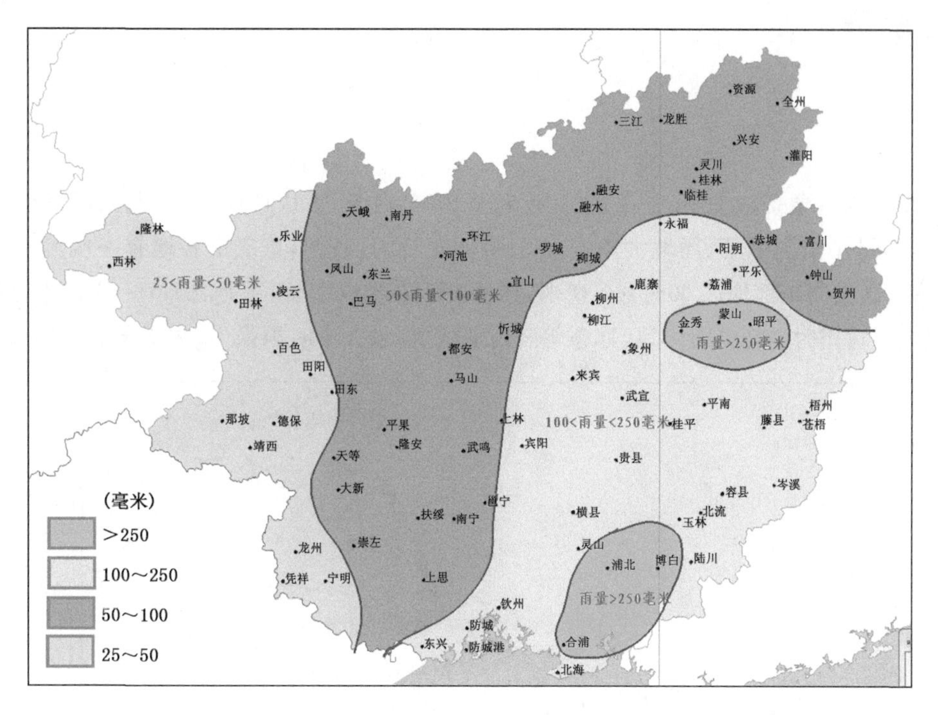

图 1-23　2015 年 10 月 4—6 日过程雨量预报图

三、关注和建议

台风“彩虹”移动路径向偏北方向调整，将以风力 12 级左右的强度进入广西壮族自治区，其环流将深入广西壮族自治区中部。由于其强度大，来势猛、影响范围广，建议各地及时做好各项防御工作，尤其台风中心将经过的地区要采取紧急措施，做好防风、防洪及防御局部地质灾害等工作。

请各部门密切关注当地气象部门发布的最新气象信息，继续做好台风防御准备。

29 日夜间至 30 日夜间重庆市中东部暴雨，局地大暴雨

李晶　邓承之　陈贵川

（重庆市气象台　2015 年 6 月 28 日）

摘要：预计 2015 年 6 月 29 日夜间至 30 日夜间，重庆市将出现一次大雨到暴雨天气过程，暴雨主要位于中东部地区，注意防范强降水引发的灾害。28—30 日四川盆地东北部有大雨到暴雨，嘉陵江、渠江沿江区县需关注雨情水情，防范可能出现过境洪水。

一、天气趋势

根据最新气象资料分析，6 月 28 日夜间至 29 日白天，重庆市西部、东北部局部地区有雷雨天气，雨量小雨到中雨，局地大雨。29 日夜间至 30 日夜间，重庆市各地有一次大雨到暴雨天气过程，雨量中东部地区 60～100 毫米，局地 180 毫米以上；西部地区 30～60 毫米，局地 80 毫米以上。雷雨时局地伴有大风、冰雹等强对流天气，最大小时雨强 40～60 毫米（图 1-24）。

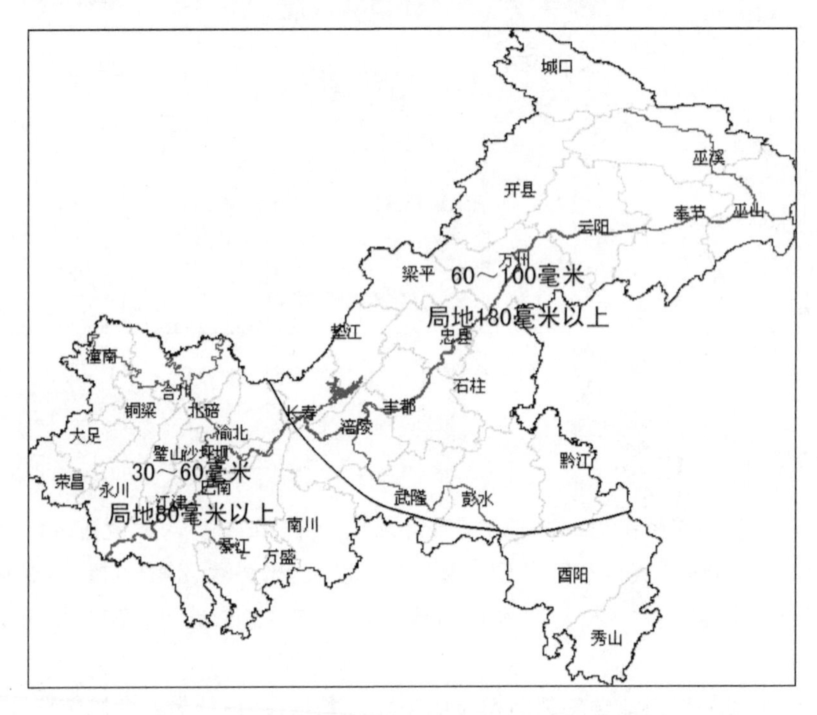

图 1-24　2015 年 6 月 29 日 20 时—7 月 1 日 08 时降雨量预报图

主城区:28 日夜间至 29 日白天,多云,29～37℃;29 日夜间至 30 日白天,大雨,27～34℃;30 日夜间至 1 日白天,阵雨转多云,26～33℃。

二、重点关注

(1)此次过程降雨强度大、范围广,提请注意防范强降水引发的城乡积涝、山体滑坡、小流域山洪等灾害。

(2)预计 28—30 日四川盆地东北部有大雨到暴雨,局地大暴雨,强降水主要集中在嘉陵江、渠江流域,提请嘉陵江、渠江沿江区县密切关注雨情、水情,防范可能出现的过境洪水。

2015年
全国优秀决策气象服务
材料汇编

第二篇

气候分析预测

丹江口水库水源区降水资源评估分析及未来趋势预测

艾婉秀[1] 王长科[1] 李修仓[1] 刘敏[2] 肖莺[2] 秦鹏程[2]
万君[2] 张晔萍[3] 吴晓京[3]
（1. 国家气候中心；2. 湖北省气象局；3. 国家卫星气象中心 2015 年 8 月 25 日）

摘要：1961 年以来，丹江口水库水源区降水呈现以下特点：一是年平均降水量为 858 毫米，可入库水资源量 350 亿立方米。二是降水量季节分布差异大，夏季降水量呈增多趋势，春季和秋季呈减少趋势，最多年份的降水量是最少年份的 2 倍、且近年来年际变化呈增大趋势。三是强降雨日数和无降雨日数增多，多雨与少雨时段非常明显，易出现旱涝急转，有 26%的年份出现了旱涝急转情况。

预计未来 30 年丹江口水源区及其附近地区降水量基本持平，但是水源区出现极端降水的可能性在增大，降水季节变化幅度也可能加大。

雨水资源分布不均对水库调度提出更高要求。建议加强丹江口水库水资源调度管理，减轻因降水量年际和季节变幅增大带来的不利影响。

一、丹江口水库水源区降水新变化给水资源调度提出新挑战

丹江口水库的水源区包括陕西、湖北、河南、重庆共 42 个县（市），属温带季风气候，夏秋季气候湿润，冬春季气候干燥。

降水资源较丰富，平均每年可入库水资源约 350 亿立方米。根据 1961—2014 年气候资料分析，南水北调中线工程丹江口水库水源区平均年降水量为 858 毫米，比全国平均年降水量（630 毫米）偏多 36%。年降水可形成约 350 亿立方米的入库水量，雨水资源较为丰富。

年降水量呈减少趋势，且年际变化幅度增大。1961 年以来，水源区年降水最多年份（1227 毫米，1983 年）是最少年（610 毫米，1997 年）的 2 倍，其中涝年与旱年分别占 13%和 17%。特别是本世纪以来，逐年降水总量的变化幅度在加大，平均变幅为 396.5 毫米，比 20 世纪 90 年代（311.4 毫米）变幅增大 85.1 毫米（图 2-1）。

降水量季节分布差异大，多雨与少雨时段非常明显。常年 4—10 月是丹江口水库水源区降水的主要时段，降水量（762 毫米）占全年的 89%。近年来，降水量季节分布差异更加明显，夏季降水量呈增多趋势，平均每 10 年增加 8.6 毫米（图 2-2a）；春季和秋季降水量呈减少趋势，其中，春季降水量平均每 10 年减少 8.2 毫米（图 2-2b）。多雨和少雨时段更加明显，主要表现在水源区强降雨日数和无降水日数增加，其中，大雨和暴雨日数平均每 10 年分别增加 0.2 天和 0.1 天，无降水日数平均每 10 年增加 8 天。

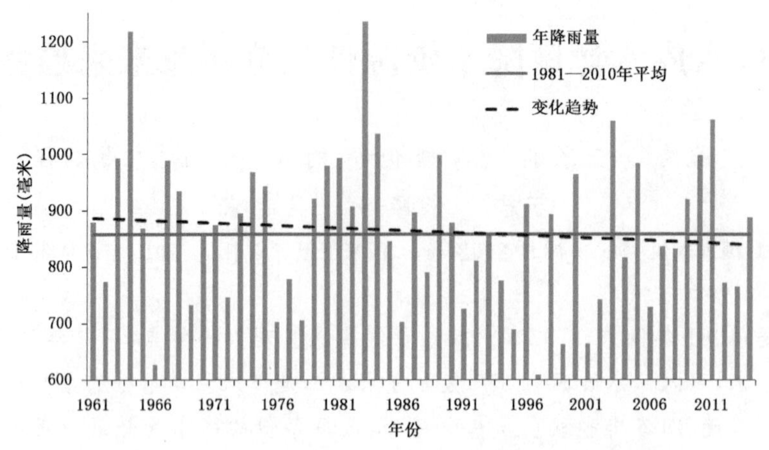

图 2-1　1961—2014 年丹江口水库水源区年降水量变化图
(柱状高度超过红线的为降水偏多年份,在红线以下为偏少年份)

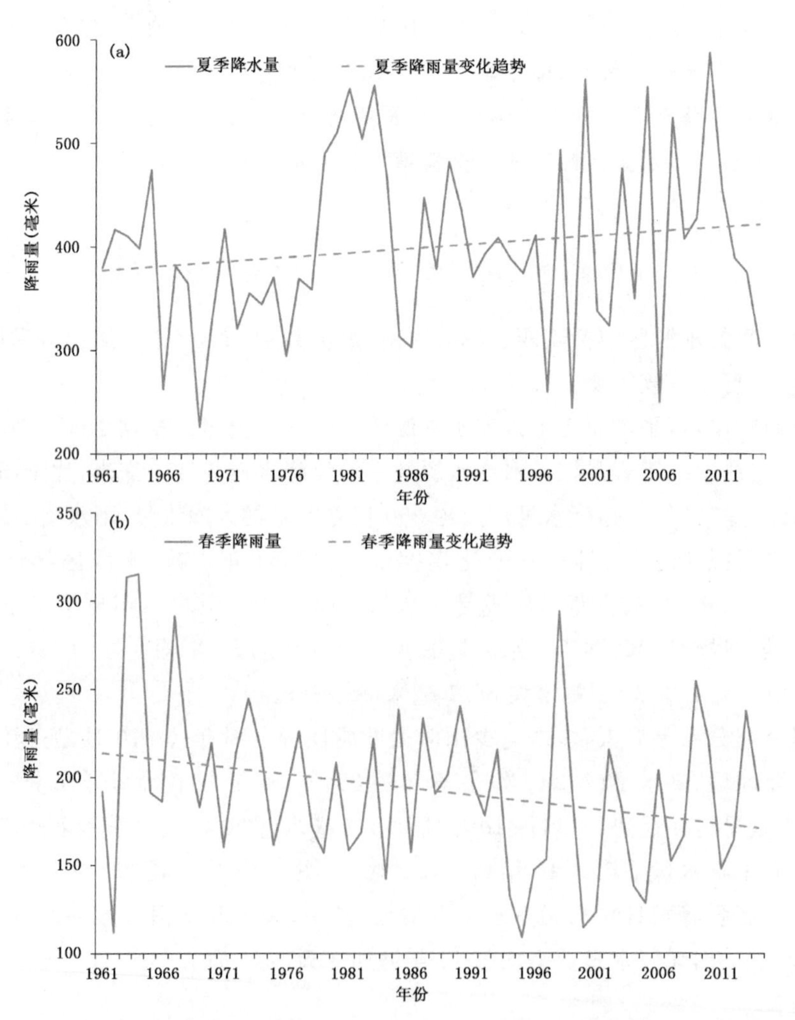

图 2-2　1961—2014 年丹江口水库水源区夏季(a)和春季(b)降雨量及年变化趋势图

降雨集中有利于形成有效的入库径流，但无降水日增多有利于干旱形成，出现旱涝急转的风险加大。1961 年以来，有 14 年出现了旱涝急转的情况，尤以 2014 年 9 月表现最为明显（图 2-3）。2014 年 9 月之前，水源区降水显著偏少，水库水位在 4 月 9 日跌至蓄水以来最低（136.58 米）。9 月上旬 3 次强降水过程导致水源区出现旱涝急转，全月降水量达到 245 毫米，较常年偏多 1 倍，水库水位上升迅速并超过调水水位（150 米）。

综上所述，丹江口水库水源区降水量逐年变化幅度加大，蓄水量季节性盈亏加剧，旱涝急转风险增加，给科学合理调度水资源，保障南水北调提出了新的挑战。

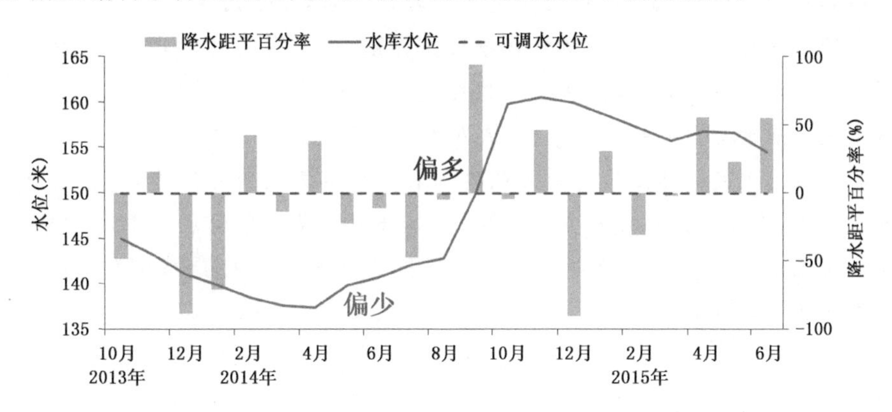

图 2-3　2013 年 10 月以来丹江口水库水源区降水量及水位变化图

二、水源区未来降水趋势预测

根据国家气候中心对多个全球气候变化模拟结果的分析，预计未来 10～30 年，丹江口水源区及其附近地区降水基本持平。但是，在全球气候变化背景下，水源区出现极端降水的可能性在增大，降水季节变化幅度也可能加大。

2015 年以来（1 月 1 日—8 月 25 日），水源区平均降水量 602 毫米，接近常年同期（599 毫米），比 2014 年同期（480 毫米）偏多 25.4%。

预计，2015 年秋汛期（9—10 月），丹江口水源区降水总体较常年同期偏少 1～2 成，降水量 160～200 毫米，可形成入库水量 50 亿～100 亿立方米。

三、对策建议

（1）需加强水资源调度管理，减轻因降水量逐年和季节变幅增大带来的不利影响。水源区雨水资源较为丰富，但逐年及季节的变幅在增大。建议根据水源区天气气候预报预测意见，做好水资源调度管理工作，减少因降水年际及季节变化可能导致的水资源供需矛盾的发生。

（2）提前开展蓄水工作，做好 2015 年应急调水准备。据气候监测和预测，丹江口水源区 7 月以来大部地区降水偏少 4～8 成，秋汛期降水仍将偏少，同时，目前华北部分地区出现了中度以上气象干旱，调水的需求在增加，建议在保障防汛安全的情况下，提前做好准备工作。

气候变暖背景下我国农业生产的不稳定性分析及应对措施

王培娟　周广胜

（中国气象科学研究院　2014年12月23日）

摘要：气候变暖背景下，我国热量资源显著增加，降水时空分布发生改变。部分地区积极适应气候变化，推动农作物种植界限北移，提高复种指数，增加了农业生产能力。但与此同时，部分地区农作物遭受旱涝、高温、低温冻害等气象灾害影响以及农业病虫害危害的风险增加，农业生产的不稳定性加剧。

建议从国家战略高度重视和加强我国农业适应气候变化工作，一是科学调整作物播种期，合理规避和减轻灾害风险；二是合理调整作物复种指数和种植区域，减少各类气象灾害影响；三是选育高产优质抗逆性强的作物品种，科学应对气候变暖与病虫害加剧的影响。

一、气候变化导致我国气候资源发生变化

全国气温显著上升。1901—2013年，全国年平均气温呈显著上升趋势，增幅达0.91℃，且年代际波动明显。20世纪头30年、50年代至80年代中期相对较冷，而30年代至40年代和80年代中期以来为主要偏暖阶段（图2-4）。其中，1961—2013年，全国年平均气温上升更加明显，平均每10年升高0.31℃，冬季增幅最大，夏季增幅最小。

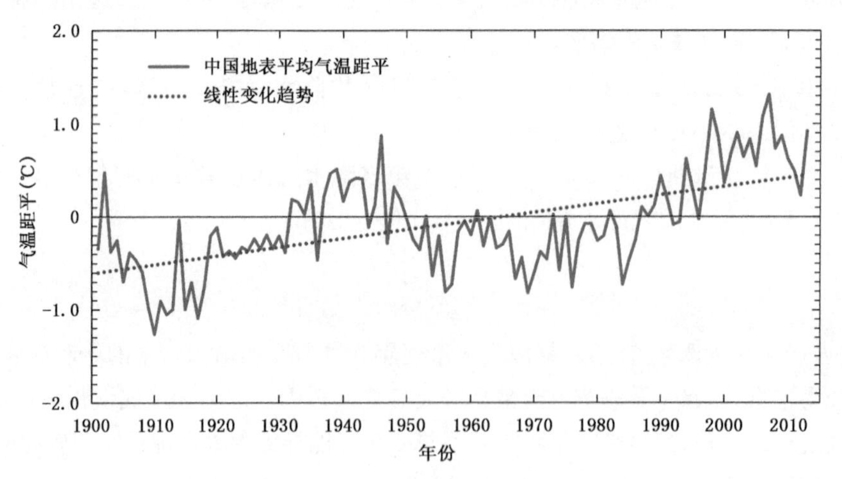

图2-4　1901—2013年全国平均气温距平变化图

年降水量变化趋势不明显，但时空波动大。1961—2013年，全国平均年降水量无明显线性变化趋势，但时空差异变化明显。从季节来看，夏季降水明显增加，冬季次之，春季基本

无变化，秋季则呈减少趋势。从年代际变化看，20 世纪 50 年代以来，我国主雨带呈“北一南一北”摆动，20 世纪 90 年代后期雨带逐渐北移，持续近 30 年的“南涝北旱”降水分布型显现转变趋势(图 2-5)。极端强降水增多，全国年暴雨站日数每 10 年增加 3.8%。

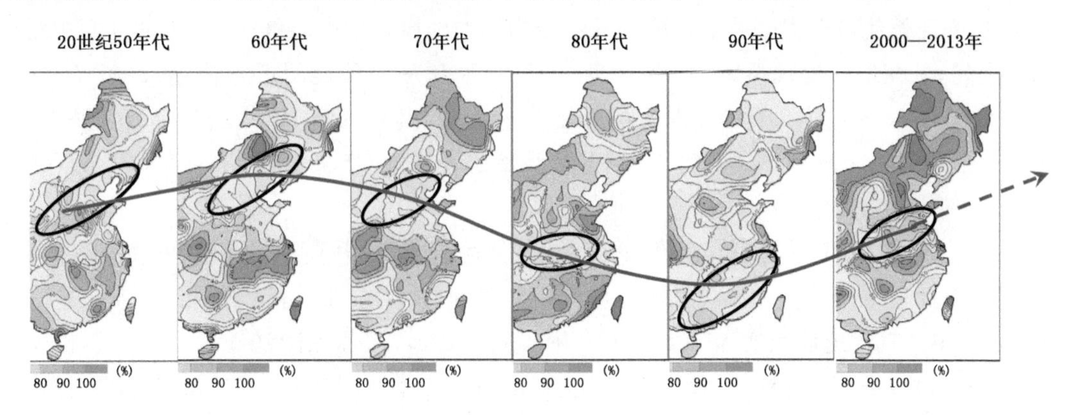

图 2-5　全国主雨带位置年代际变化图

日照时数显著减少。1961—2013 年，全国平均年日照时数平均每 10 年减少 34 小时(图 2-6)。夏季减少最多，春季、冬季次之，秋季减少最少。黄淮海农区减少趋势最大，每 10 年减少 91 小时；长江中下游农区次之，每 10 年减少 68 小时；东北农区则相对较小，每 10 年减少 42 小时。

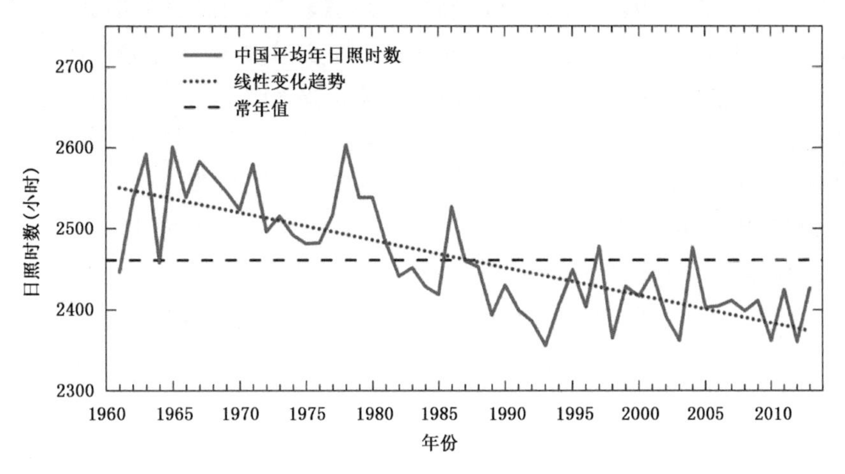

图 2-6　1961—2013 年全国平均年日照时数变化图

二、气候变化增加了我国农业生产的不稳定性

由于气候变暖带来光、温、水等农作物生长所需的气候资源的变化，且这种变化具有波动性、季节性，使得我国农业生产的不稳定性增大。

(一)农作物种植界限北移，导致遭受低温冻害的风险增加

与 20 世纪 80 年代相比，全国水稻、小麦和玉米的种植北界北移了约 4 个纬度，特别是

东北水稻种植区明显北扩。此外，全国日平均气温≥0℃（土壤解冻或冻结的临界温度）和≥10℃（喜温作物生长和喜凉作物积极生长的起止温度）的初日提前、终日推迟，农作物生长季延长。但由于气温并非逐年稳定增加，存在明显的起伏波动，在此背景下农作物种植界线北移、生长季延长使得作物遭受早霜冻和低温冷害影响的风险增大。例如，1999年9月中旬至10月上旬，东北地区出现早霜冻，致使春玉米、大豆和一季稻遭受严重冻害；2001和2003年，东北地区东部7月水稻遭受严重的低温冷害，多数市县减产40%左右，部分乡镇绝收。黑龙江省1962－2004年的43年间水稻共遭受冷害9次，减产幅度为5%～65%，累计减产在350万吨以上。

（二）复种指数提高，但农作物遭受旱涝和高低温等灾害影响的概率加大

与20世纪80年代相比，全国复种指数明显提高，陕西东部、山西、河北、北京和辽宁等省（市）一年两熟耕地面积增加104.5万公顷，湖北、安徽、江苏和浙江等省一年三熟耕地面积增加335.9万公顷。由于复种指数增加、农作物生长季时间延长，遭受洪涝、干旱、高温、低温等气象灾害影响的风险加大。例如2009年春季，我国中部冬小麦主产区出现30年一遇的冬春连旱，局部地区旱情达50年一遇，致使农作物受灾面积达到4721.4万公顷，绝收面积达491.8万公顷。2003年长江流域南部出现重度高温热害，水稻受害面积达3000万公顷，产量损失最高达55%。2011年9月18日至23日，江南、华南北部先后出现“寒露风”，湖南南部、广西北部晚稻授粉结实受到明显影响，郴州、衡阳等地晚稻空壳率达30%～40%。

（三）农业生产潜力增大，但农作物遭受病虫害危害的频率加大

1961年以来，我国北方大部地区气温升高、降水增多，气候暖湿化趋势明显。气候的这种暖湿化变化，使净初级生产力增大（最近13年平均增加2.4克干物质量/平方米），农业生产潜力相应增大，特别是我国夏季雨带21世纪以来已北移至淮河到黄河流域，致使北方农区水热资源配合趋好，有利于农业稳产增产。但在暖湿环境下农作物病虫害发生频次、强度增加，农作物遭受病虫害危害的频率加大。2001—2005年我国北方小麦条锈病连续大流行，最高年份发病面积达560万公顷。1961—2010年，全国农作物病害和虫害的发生面积分别增加8.1倍和5.8倍，小麦、玉米和水稻的病虫害发生面积分别增加3.5倍、10.8倍和9.7倍，其中病害的增加速度远高于虫害。

三、应对措施建议

气候变化对我国农业生产的影响深刻而复杂，应加强分区域、分类管理，针对不同区域的农业与气候变化特点，采取科学的应对措施，才能趋利避害，确保粮食高产稳产和农民增收。建议从国家长期发展战略高度上重视和加强我国农业适应气候变化工作。

（1）科学调整作物播种期，合理规避和减轻灾害风险。黄淮海冬小麦种植区为避免冬小麦冬前旺长而遭受冻害，可将冬小麦播种期普遍推迟7天以上；东北平原可适当扩大中晚熟和晚熟春玉米种植范围，春玉米播期可安排在日平均气温稳定通过7℃开始，以减少遭遇早霜冻威胁，提高单产水平；长江中下游耐高温的水稻品种应占主导地位，早稻播种期可适当提前，中稻应选用相对晚熟品种，以避免伏旱、高温热害对水稻的危害。

(2)合理调整作物复种指数和种植区域,促进主要农作物布局向气候适宜区集中,减缓各类气象灾害影响。

东北平原北部可扩大早熟玉米、水稻、大豆种植范围,中部可扩大中、晚熟品种种植,中南部可改种产量更高的玉米和水稻,辽宁南部可扩大冬小麦—水稻(玉米、大豆等)一年两熟复种范围。

黄淮海一年两熟区可扩大中、晚熟品种种植,冬麦区中北部可降低对品种冬性的要求。长江中下游可进一步扩大双季稻种植面积,北部晚稻早熟、中熟品种类型改种晚稻中熟、晚熟类型,冬小麦可从目前的弱冬性类型为主改种以春性类型为主。

华南地区三熟区可扩大水稻中晚熟品种的种植。

为科学应对农业干旱影响,华北冬麦区应适时足量浇好越冬水,冬前耙耱保墒和冬季镇压提墒;黄淮麦区秋冬干旱年冬前适时适量灌溉,冬季镇压为主,个别严重缺墒且根系发育不良麦田白天>3℃时段少量补灌;北方旱作春玉米区应积极推广膜下滴灌技术。

(3)选育高产优质抗逆性强的作物品种,科学应对气候变暖与病虫害加剧的影响。针对气候变暖与病虫害加剧的区域差异及病虫害种类的消长变化,合理设计与调整育种的主抗与兼抗目标,在东北春玉米区选择耐旱、抗低温品种;在华北冬麦区可适度降低对冬性的要求,但应增强对春霜的抵抗性;长江中下游稻区应培育耐高温品种。

2015年以来东北和内蒙古森林草原火险气象条件分析及未来趋势预测

田华　刘鑫

（中国气象局公共气象服务中心　2015年4月22日）

摘要：2015年以来，内蒙古和东北森林（草原）火险较去年同期偏少，但较近十年同期偏多，其中草原火点数偏多60%。3月底以来，内蒙古自治区边境处的境外火点较2014年同期明显增多。预计4月下旬东北及内蒙古东北部森林草原火险等级较高；5月东北、内蒙古森林草原火险等级总体偏低，5月下旬等级可能偏高；夏季，内蒙古东北部、东北北部森林草原火险等级略偏低，东北南部等级偏高。建议各地切实加强森林草原巡防和火源管理，做好防火工作。

一、2015年以来东北和内蒙古森林（草原）火点数较近十年同期偏多

气象卫星监测显示，2015年以来，我国森林（草原）火险主要发生在东北、内蒙古、西南、江南、华南及华北等地（图2-7）。与近十年同期平均值相比，内蒙古火点数偏多约46%，东北地区偏多约158%（图2-7）。

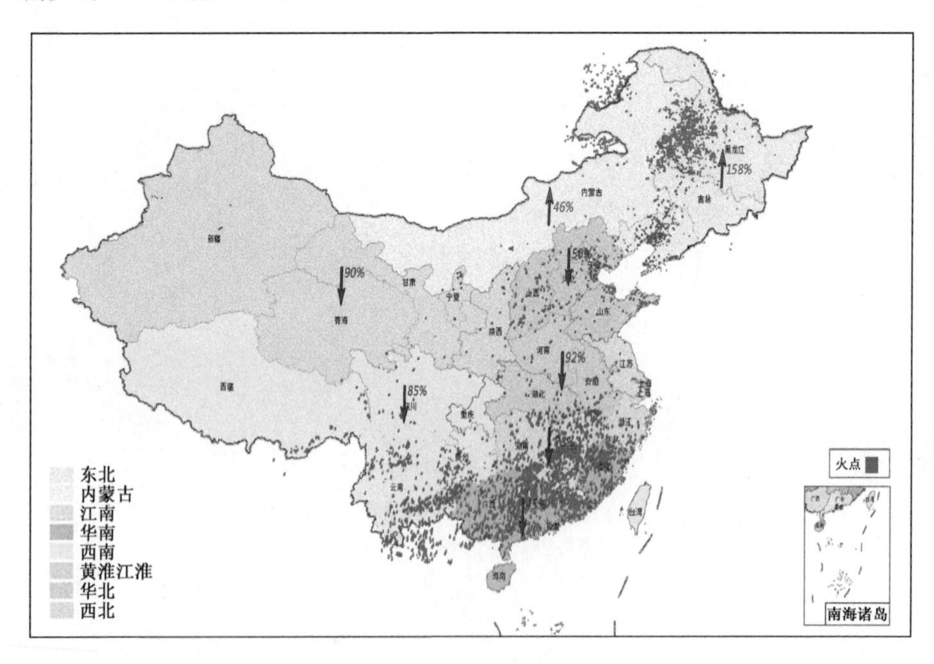

图2-7　2015年1月1日—4月19日气象卫星全国火点监测分布图

内蒙古东北部草原火点主要集中出现在3月下旬至4月中旬，由境外火蔓延至我国境内引起。3月下旬以来，监测到内蒙古东北部边境处的境外（蒙古国东部、俄罗斯东部）火点约780个，较2014年同期增多近5倍，3月29日、4月13日内蒙古呼伦贝尔连遭两次草原火灾，均与境外火有关。东北地区森林火点也主要集中出现在3月下旬和4月中旬，火点主要出现在辽宁、吉林东部和黑龙江东部，特别是辽宁东部。

二、北方冷空气活动频繁、降水偏少致森林草原火险等级偏高

2015年以来，北方冷空气活动频繁，共出现16次冷空气过程，较常年同期（13次）偏多。东北和内蒙古4级以上（风速≥5.5米/秒）的大风日数6.6天，比近十年同期略偏多。

2015年以来，内蒙古东北部降水量较近10年平均偏少2～5成。俄罗斯东南部与我国内蒙古毗邻地区降水量偏少5～8成。我国内蒙古、东北地区以及蒙古国和俄罗斯东南部与我国东北地区毗邻区域的气温较常年同期偏高2～4℃，尤其是1月上旬和中旬、2月中旬和3月下旬偏高明显。温高雨少导致森林草原火险气象等级偏高、火点偏多。

三、未来森林（草原）火险趋势预测

预计4月下旬，内蒙古东北部、黑龙江西部和东南部、辽宁东部等地气温较常年同期偏高2～3℃；降水量有3～5毫米，较常年同期偏少；森林火险气象等级较高，其中辽宁东部局地森林火险气象等级高（图2-8a）；内蒙古呼伦贝尔和锡林郭勒等地草原火险气象等级较高（图2-8b）。

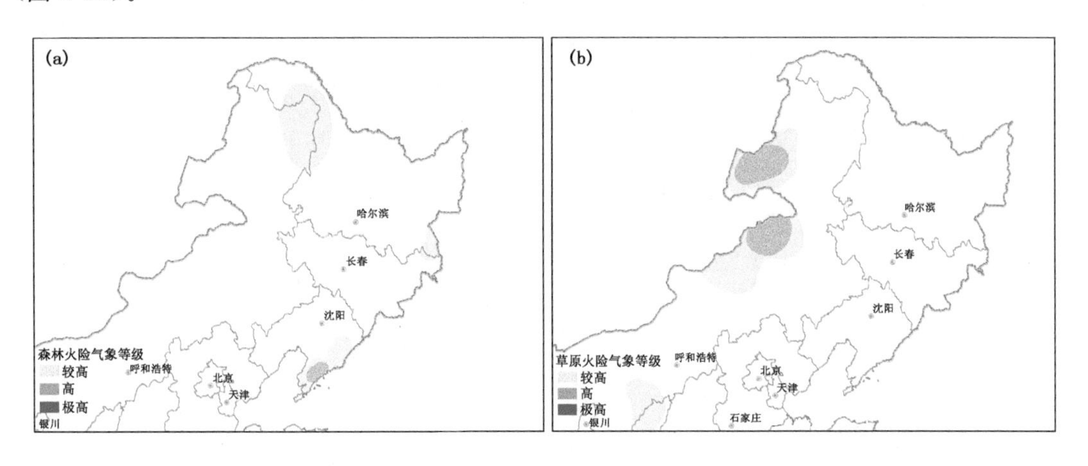

图2-8　2015年4月下旬东北地区森林火险（a）和草原火险（b）气象预报图

预计5月，东北地区北部和内蒙古降水偏多，森林（草原）火险等级总体偏低，但5月下旬火险等级可能偏高。夏季（6—8月），东北北部和内蒙古东北部降水较常年同期偏多，森林（草原）火险等级略偏低；东北地区南部降水偏少、气温偏高，火险等级偏高。5—8月，蒙古国东部降水总体偏少、气温偏高，森林（草原）火险等级偏高；与我国东北北部林区接壤的俄罗斯地区降水接近常年同期到偏多、气温偏高，火险等级略偏低。

四、关注与建议

（1）4月下旬内蒙古东北部、黑龙江西部和东南部、辽宁东部，5月下旬东北地区和内蒙古，6—8月东北地区南部森林（草原）火险等级较高，相关地区需严加防范，加强用火管控。

（2）未来蒙古国东部降水总体偏少、气温偏高，森林（草原）火险等级偏高，需防范境外草原火的侵入和蔓延。

关于主动适应气候变化背景下上海市洪涝灾害风险上升的对策建议报告

田展　孙兰东　吴蔚　孙来祥　杨引明　穆海振
（上海市气象局　2015 年 7 月 30 日）

摘要：受气候变化影响，近 30 年来上海市降水强度增加、极端性增强，城镇排水基础设施压力增大，防洪（潮）实际设防标准降低。综合考虑气候变化、海平面上升、地面沉降等因素影响，预计上海市未来面临的极端暴雨洪涝灾害的风险将继续增大。为此，建议：加强影响上海市暴雨洪涝主要气候风险因子的研究，完善城市洪涝灾害风险管理体系；针对极端暴雨洪涝灾害风险上升趋势，完善和修订上海市防洪除涝地方标准；加强风险分担和转移手段的应用，增强城市应对极端天气气候事件能力；制定城市规划和确定地下综合管廊等重大基础设施防灾标准时充分考虑气候变化增量因素。

一、近 30 年上海市呈现小雨日数减少、降水极端性增强的特征

对比分析 1951—1980 年和 1981—2014 年两个时段的上海市降水特征，发现上海市小雨日数明显减少，而中雨、大雨和暴雨日数增多（图 2-9），其中小雨日数占总降雨日数的比例从 77.1%（1951—1980 年平均）减少到 70.5%（1981—2014 年平均），下降了 6.6%，中雨日数比例从 15.7%上升到 19.1%，大雨日数比例从 5.4%上升到 7.5%，暴雨日数比例从 1.8%上升到 2.9%。

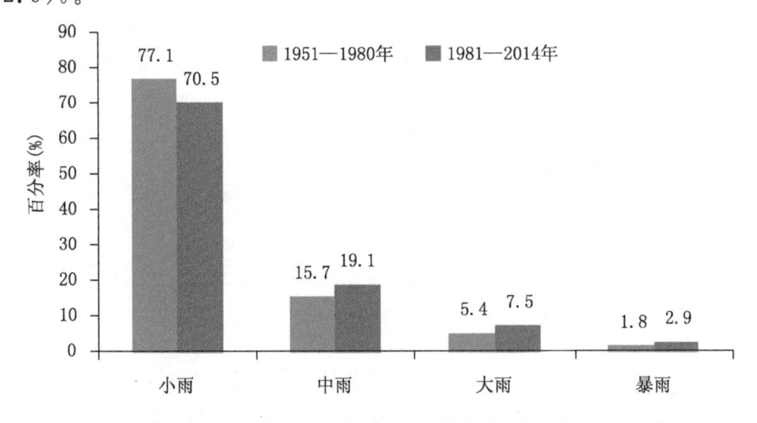

图 2-9　徐家汇站不同时段各级降水日数所占降水总日数百分率图

以徐家汇站为例，1981—2014 年期间年最大 24 小时累积降水量超过 100 毫米的概率达到 56%，而在 1951—1980 年期间其概率仅为 30%，增幅达到近 1 倍（图 2-10），降水极端性

明显增强。

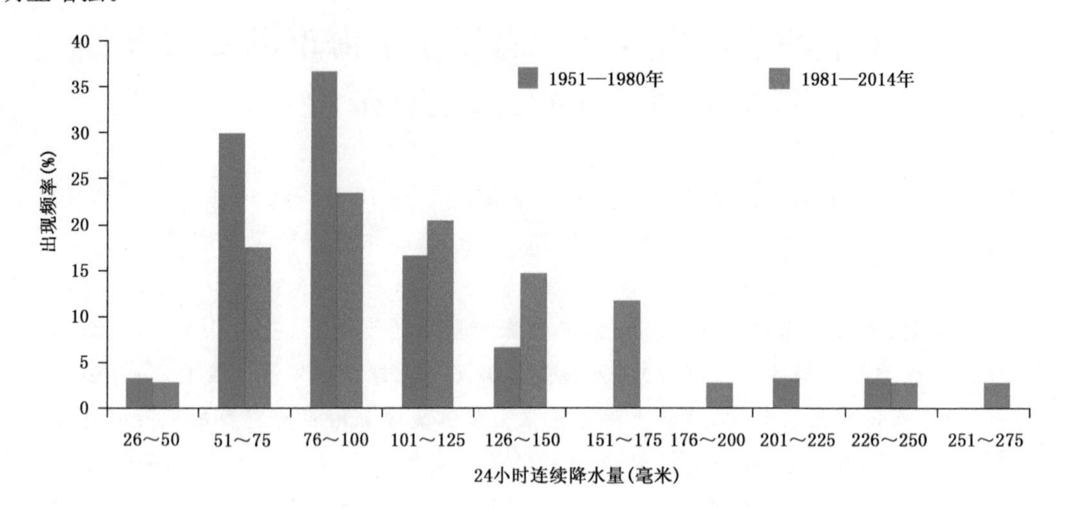

图 2-10　徐家汇站不同时段年最大 24 小时累积降水量出现频率分布图

二、在气候变化影响下上海市现有城市防洪(潮)除涝设防标准已偏低

利用最新降水资料，上海市气象局联合市水务局开展了上海市新的暴雨强度计算公式编制工作，结果表明，本市 1 年一遇小时降雨量已经由 35.5 毫米增加到 38.2 毫米，3 年一遇和 5 年一遇的暴雨标准也分别提升了 2.2 毫米和 1.5 毫米(图 2-11)。目前上海市大部区域现行的 1 年一遇(35.5 毫米/小时)城镇排水标准，给城市排水管道、泵站等基础设施的正常运行带来了较大的压力。

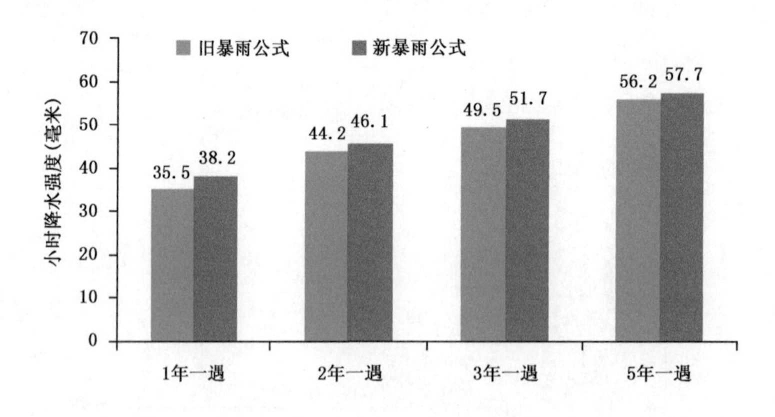

图 2-11　新公式与旧公式的设计暴雨强度比较图

(旧暴雨强度公式所用资料年限为 1919—1959 年，新公式资料年限为 1949—2012 年)

1980—2014 年，中国沿海海平面上升速率为 3.0 毫米/年，高于全球平均水平。若按 2004 年的实测潮位观测结果计算，本市吴淞口站 200 年一遇高潮位就已达 6.2 米，逼近

1984 年该站国家批准的 1000 年一遇的 6.27 米高潮位设防标准。这说明受海平面上升和地面沉降等因素影响，黄浦江市区段防汛墙的实际设防标准已降至约 200 年一遇（图 2-12），给本市洪（潮）防御工作带来较大压力。

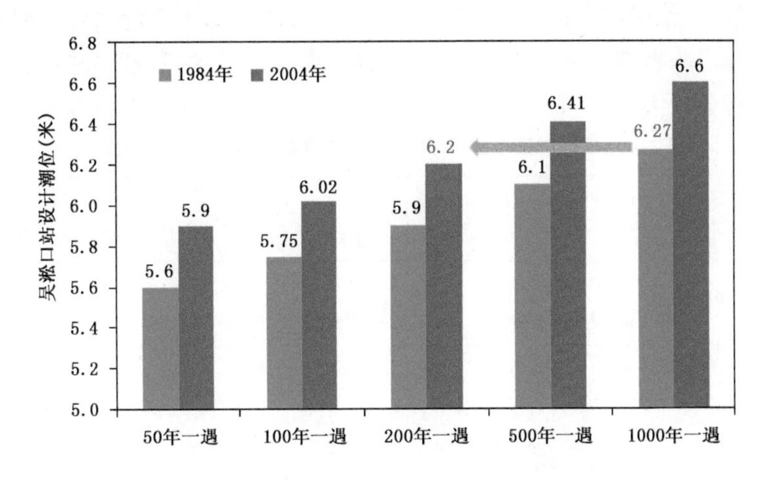

图 2-12　1984 年与 2004 年吴淞口站设计高潮位比较图

三、未来上海市强降水日数增多、强度增强的可能性仍较大，洪涝灾害带来的经济损失可能快速增加

未来上海市强降水日数将呈增加趋势。利用联合国政府间气候变化专门委员会第五次评估报告所用模式数据集，挑选了对上海地区模拟性能较好的 8 个气候系统模式，对本市未来强降水事件变化趋势进行了研究（图 2-13）。分析表明绝大多数模式均预测本市 2021—2030 年降水极端性增强（99％排位强降水指标变化趋势为正），强降水日数增多，这说明与 2001—2010 年相比，上海市未来强降水日数增多、强度增强的可能性仍很大。

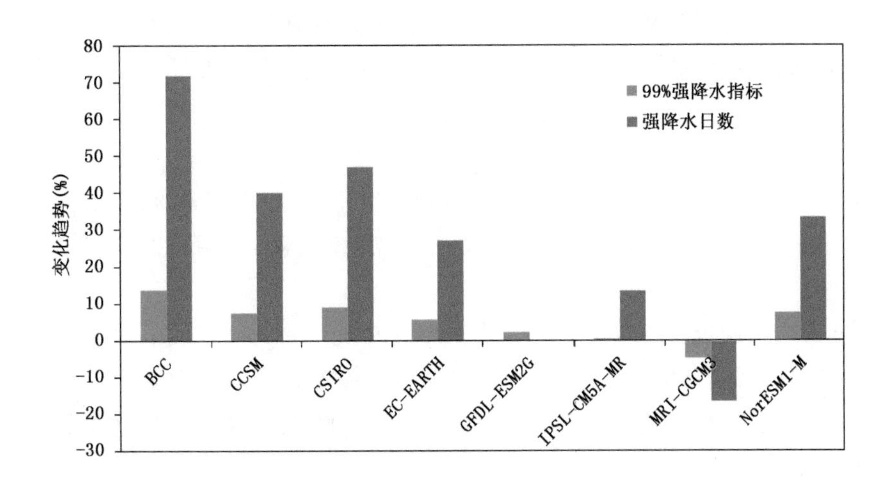

图 2-13　不同气候模式对 2021—2030 年上海极端降水事件未来趋势预估图

世界银行相关研究成果表明，在未来气候变化（海平面升高）和社会发展（城市扩张、人口增加等）影响下，至2050年，在全球136个大城市中，洪涝经济损失增加最快的城市主要集中在我国东南沿海、地中海和加勒比海等地区，其中上海是年均洪涝损失增加较快的城市之一（排第13位）。值得注意的是，该项研究中并未考虑到未来气候变化引起的长江流域降水增加和局地强降水事件极端性增强等影响，若考虑上述因素，未来洪涝灾害带给本市的经济损失和影响将会更大（表2-1）。

表2-1　不同情景下世界主要沿海城市年均洪涝灾害损失对比　　单位：亿元/年

	2005年	2030年（海平面上升20厘米）		2050年（海平面上升40厘米）	
城市	2005年防汛标准	维持2005年防汛标准	加强风险管理措施	维持2005年防汛标准	加强风险管理措施
上海	4.5	347.0	5.8	1545.0	6.4
香港	8.7	81.0	9.3	718.5	9.9
东京	3.6	3852.0	4.8	4240.0	5.3
伦敦	0.8	4.0	0.9	19.5	1.0
纽约	122.3	493.5	128.3	1990.0	134.7

注：年均损失是基于各重现期洪涝灾害对城市各类别建筑物的可能损失综合计算得出。

四、加强洪涝灾害风险管理的对策建议

（1）完善城市洪涝灾害风险管理体系。深入开展上海极端气候事件变化规律分析，建立和完善专业洪涝预报模型，绘制高精度的洪涝风险图，定量评估气候变化影响下洪涝灾害对本市基础设施的影响，拓展暴雨洪涝预报预警信息发布渠道。

（2）完善和修订上海市防洪除涝标准。目前上海市现有的基础设施建设和维护标准，均来自历史气候条件统计推算，对未来气候变化可能带来的风险考虑不够。建议根据最新气象、水文和海洋资料，并充分考虑未来气候变化可能带来的风险，完善和修订现有防洪（潮）除涝标准。

（3）加强风险分担和转移手段的应用。结合金融中心建设，探索洪水保险基金模式，建立一整套由灾害保险、再保险、风险准备金和非传统风险转移工具所共同构成的风险分担和转移机制。

（4）在城市规划和重大基础设施设计参数制定中充分考虑气候变化的增量因素。借鉴伦敦等城市应对气候变化的先进经验，在新的城市总体规划中充分考虑气候变化因素，出台城市重大基础设施适应气候变化的政策文件和技术导则，明确洪涝灾害防御设计参数的气候变化增量标准。

厄尔尼诺事件已达极强等级，需关注其可能导致的气象灾害

伍红雨　李春梅　翟志宏
（广东省气象局　2015年11月20日）

摘要：从2014年5月开始的厄尔尼诺事件已持续18个月，目前已达极强等级，将于2015年11月或12月达到峰值，并将持续到2016年春季。预计广东2015年冬2016年春气候较为复杂，气温总体偏高；降水冬季偏多春季偏少；出现阶段性低温阴雨、雷州半岛干旱、冬末春初局部短时强对流天气和强降水等极端天气的可能性较大，需关注极强厄尔尼诺事件影响下可能导致的气象灾害。

一、关于厄尔尼诺事件

（一）厄尔尼诺事件的定义与分级

厄尔尼诺事件是指赤道附近中东太平洋海水表面温度比常年平均温度持续偏高的现象。当赤道中东太平洋海水表面温度持续3个月以上比常年同期偏高0.5℃，表明已进入厄尔尼诺状态。当海水表面温度持续6个月以上比常年同期偏高0.5℃，则确认为一次厄尔尼诺事件。根据海温每月距平累积值将厄尔尼诺事件强度划分为极强、强、中等、弱和极弱五个等级，当海温距平累积值≥16.6℃时，为极强等级。

（二）厄尔尼诺事件对广东的影响

1951—2013年，赤道中东太平洋共发生13次厄尔尼诺事件，其中极强厄尔尼诺有2次，分别发生在1982年5月—1983年8月（峰值出现在1982年12月—1983年1月）、1997年2月—1998年5月（峰值出现在1997年12月）。

研究表明，受厄尔尼诺事件影响，广东省发生极端天气的可能性增加，呈现汛期降水前多后少、年平均气温升高、登陆广东的台风强度易偏强的趋势。

在两次极强厄尔尼诺事件中，1982/1983年、1997/1998年冬季广东降水显著偏多，次年春季降水仍偏多。1982/1983年冬季气温较常年同期显著偏低1.9℃，1983年低温阴雨严重，对各地特别是北部春播育秧影响大；1997/1998年冬季较常年同期气温偏高0.4℃（表2-2），1998年粤西出现了春旱。

表2-2　“极强厄尔尼诺事件”发生后，广东冬春降水和气温距平统计

冬季	降水量距平百分率（%）	气温距平（℃）	春季	降水量距平百分率（%）	气温距平（℃）
1982年12月—1983年2月	244.0	−1.9	1983年3月—1983年5月	52.9	−0.6
1997年12月—1998年2月	74.1	0.4	1998年3月—1998年5月	13.8	1.1

二、本次厄尔尼诺事件及其影响

本次厄尔尼诺事件从 2014 年 5 月开始，2015 年 10 月海温距平累积值为 18.4℃，达到极强等级。与历史上最强厄尔尼诺事件（1997/1998 年）相比，本次厄尔尼诺事件强度比 1997/1998 年（海温距平累积值 23.5℃）弱，但持续时间已经超过 1997/1998 年（14 个月）。预计这次厄尔尼诺事件将于 2015 年 11 月或 12 月达到峰值，并将持续到 2016 年春季。

在这次厄尔尼诺事件的发生后，广东省出现了极端天气事件：2014 年，广东省平均高温日数为有气象记录以来最多，夏秋季平均气温创历史新高，1949 年以来最强台风“威马逊”登陆徐闻；2015 年，入汛为近 37 年来最晚，5 月全省平均雨量破历史最多记录，6 月平均气温为历史最高，雷州半岛出现罕见春夏连旱，1949 年以来 10 月最强台风“彩虹”重创粤西。

三、广东 2015 年冬 2016 年春气候预测

在极强厄尔尼诺事件下，预计 2016 年广东今冬明春气候较为复杂，气温总体偏高；降水冬季偏多春季偏少；出现极端天气的可能性较大：

阶段性的低温阴雨。预计广东 2015/2016 年冬春季全省气温偏高，期间出现低温寒冷灾害接近常年，但有阶段性低温连阴雨天气出现，尤其要注意可能出现倒春寒。

冬末春初局部短时强对流天气和强降水。预计广东大部分地区 2015/2016 年冬季降水偏多。2016 年春季珠三角地区降水偏多 1～2 成，可能出现大风灾害和局部洪涝灾害。

冬春季雷州半岛干旱。预计雷州半岛可能出现冬春气象连旱；其余大部分地区偏少 1～2 成，出现干旱的可能性较大，对春耕春播有一定影响。

四、建议

持续发展加强的厄尔尼诺事件可能会导致 2015 年冬 2016 年春极端天气事件的发生，需要对此加以防范，提前做好准备工作：

（1）做好对低温阴雨、倒春寒天气的防御工作，避免由于低温冷害对广东省越冬作物生长和水产养殖业造成严重影响。

（2）注意蓄水和科学用水，预防雷州半岛和粤东沿海地区可能出现的干旱对生产、生活用水造成影响。

（3）2015 年冬 2016 年春可能出现短时强对流天气和局部强降水过程，需关注大风、洪涝灾害及滑坡、泥石流等次生灾害。

厄尔尼诺事件对广东气候的影响具有复杂性，广东省气象局将密切关注厄尔尼诺事件发展变化，及时跟踪并提供相关监测预报预警信息。

河南“75·8”洪灾启示

姬兴杰　陈建铭　刘雅星
（河南省气候中心　2015年8月3日）

摘要：1975年8月上旬，以驻马店为中心的豫南淮河流域发生了特大暴雨洪涝灾害（简称“75·8”），给驻马店等地带来了毁灭性灾难，成为历史上河南伤亡最惨重的特大气象灾害。“75·8”特大暴雨洪涝灾害已经过去了40年，为深入总结历史经验和教训，进一步提升河南省气象灾害防御能力，提高适应和应对气候变化的能力。预计未来十年河南省遭受暴雨洪涝的风险可能进一步增加，建议河南省在“十三五”期间要继续加快推进气象现代化建设，进一步提升应对极端强降水事件的能力，强化城市规划和重大建设项目气候可行性论证，提高气象防灾减灾能力，为建成富强河南、文明河南、平安河南、美丽河南提供有力的气象保障。

一、河南“75·8”洪灾的气候背景分析

台风深入内陆带来持续暴雨。1975年8月上旬，7503号台风穿越台湾岛后在福建晋江登陆，此时，恰遇西太平洋热带辐合带发生北跃，致使这个登陆台风没有像通常那样在陆地上迅速消失，却以罕见的强力越江西、穿湖南，在常德附近突然转向，北渡长江直入中原腹地，并在河南境内停滞少动，在河南南部停滞长达20多小时，能够如此深入内陆并维持这样长时间的台风是极为罕见的。台风带来持续特大暴雨，从8月4日至8月8日，暴雨中心最大过程雨量达1631毫米，为河南年平均降水量（735毫米）2.2倍；板桥水库林庄最大6小时雨量为830毫米，超过了当时世界最高纪录（美国宾州密士港的782毫米）。

持续特大暴雨是造成“75·8”特大洪涝灾害的直接原因。受持续特大暴雨影响，河南南部洪汝河、沙颍河和唐白河流域上游的丘陵区发生了历史上罕见的特大暴雨洪涝灾害，驻马店、许昌、周口、南阳和漯河5个地区30个县市受灾，受灾人口1015.5万人，受灾面积1780.3万亩[①]，死亡数万人，直接经济损失近百亿元，特别是板桥、石漫滩两座大型水库溃坝毁灭了周边地区，不少村庄荡然无存，成为世界最大最惨烈的水库溃坝惨剧。另外，还由于当时气象观测设备非常落后，极端气象灾害的监测预报预警能力不足；当时的防灾体系也不够健全，应对灾害的措施和能力也不足，人们的防灾意识也不强；水库的设计对极端降水考虑不足等。

① 1亩=1/15公顷，下同。

二、未来河南省暴雨洪涝灾害风险增加

(一)气候变暖背景下,河南省极端降水在强度和频率上均呈显著增加趋势

1961—2014年河南省年平均气温显著上升,增温速率为0.16℃/10年,与全球、全国的变暖趋势基本一致,增温速率略低于同期全国平均。

在气候变暖的背景下,河南省降水格局发生了变化,主要表现为:

(1)全省年平均降水日数(日降水大于等于0.1毫米)显著减少,减少速率为3.3天/10年;2003年以后,河南省降水总体呈下降趋势。

(2)暴雨日数(日降水大于等于50毫米)呈略有增加趋势,但变化趋势不显著,2000年(含2000年)以后平均年暴雨日数比2000年前平均值增加0.1天。

(3)极端降水在强度和频率上均呈显著增加趋势,全省平均降水强度增加速率为0.2毫米/天/10年(图2-14),短时强降水频次增多速率为103.8次/10年;短时强降水已成为河南省重要灾害性天气之一,常常造成严重的城市内涝和山洪、泥石流、滑坡等灾害。如:2007年7月29日凌晨至30日上午,卢氏县遭受大暴雨袭击,强降水引发了特大泥石流灾害,造成了76人死亡、14人失踪,直接经济损失14.1亿元。2015年7月22日,郑州地出现短时强降水过程,2小时降水量郑州市姚桥乡118.8毫米、郑州气象站44.3毫米,造成市区道路严重积水,车辆被淹,交通拥堵。

从历史上看,台风系统是主要造成河南省大暴雨、特大暴雨及连续性暴雨的影响系统。对河南造成影响的台风大多是从闽、浙登陆的台风,频率分别为71%和29%,平均每年1.98个,最多的年份6个(1990年),主要集中在7,8,9月,频率分别为26%、42%和25%。21世纪以来,登陆我国台风的比例和强度明显增加,平均每年有8个台风登陆,其中有一半最大风力达到或超过12级,比20世纪90年代增加46%;台风深入内陆的概率也有增加,未来台风深入内陆影响河南省风险可能增大。

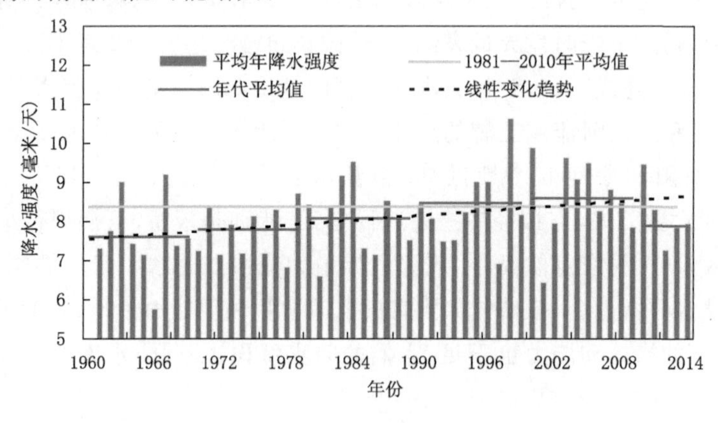

图2-14 全省年降水强度历年变化图

(二)暴雨洪涝是危害河南农业最为严重的气象灾害之一

河南省是农业大省,在当前气候变化背景下,暴雨洪涝是危害河南农业最为严重的气象

灾害之一。1978—2014 年全省平均洪涝灾害受灾面积 1165.7 千公顷，占总受灾面积的 21%（图 2-15）。如：2003 年河南省出现了罕见的夏秋连涝，全省农作物受灾面积 482.8 万公顷，占全省耕地面积的 61%，受灾人口 731 万人，直接经济损失高达 238 亿元，为“75・8”洪灾以来农业受灾最重的年份。

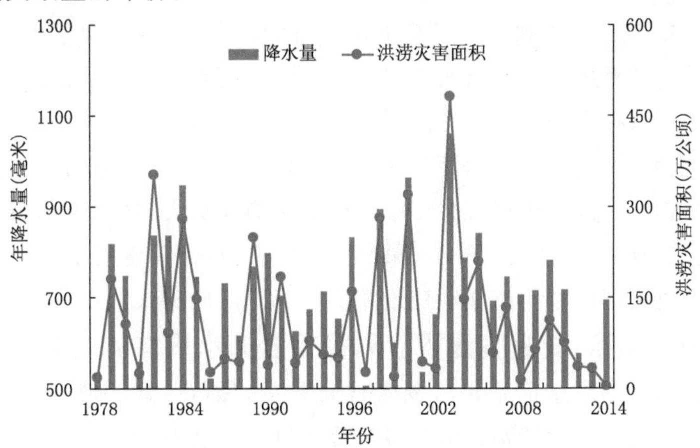

图 2-15　河南省年降水量和农业洪涝灾害受灾面积历年变化图

（三）河南省暴雨洪涝灾害的承灾体暴露度和脆弱性增加

承灾体暴露度是指暴露在受灾区域上的诸如人口、农田等承灾体数目和价值量，反映了可能遭受损失的总量；承灾体脆弱性是指承灾体遭受损失的容易程度，反映了承灾体抵御致灾因子打击的能力。暴露度和脆弱性越大，其灾害风险也就越大。

1. 承灾体暴露度增加

从全国范围来看，河南省暴雨洪涝灾害承灾体暴露度指标不论受灾面积、人口密度、地均 GDP 还是农作物播种面积都位居我国各省前列。随着我省经济社会发展，河南省人口密度显著增加，增加速率为 3.68 人/平方千米/年；地均 GDP 也呈显著上升，其速率为 52.92 万元/平方千米/年；农作物播种面积显著增加，增加速率为 11.39 万平方千米/年。

近年来，河南省城市经济快速增长、城市面积迅速扩大、城市人口急剧膨胀、城市车辆急剧增加。与 2000 年相比，2011 年城市 GDP 增加了 4 倍多，面积增大了 24%，人口增加了 51%。至 2014 年的 10 年间，全省小汽车增加了 800 多万辆；2014 年郑州市机动车总数 246 万辆，已超过西安、武汉、南京等城市，接近广州等一线城市。

2. 承灾体脆弱性增加

随着河南省经济社会发展，河南省受灾人口比重显著增加，增加速率为 0.003%/年。城市应对强降雨的脆弱性增加，对城市运行和新型城镇化建设安全带来挑战，主要体现在：城市道路面积增加使地表汇流量增加，比如郑州市 2011 年城市道路面积较 2000 年增加了 3 倍；城市扩建致使抗洪能力下降；立交桥迅猛发展使易被淹地段增多。

综上所述，在降水强度和短时强降水频次等致灾因子危险性均显著增加的大背景下，承灾体的暴露度增大和脆弱性增加。因此，预计未来十年，河南省遭受暴雨洪涝的风险可能进一步增加，暴雨洪涝仍将是影响河南省经济社会和农业生产健康发展的主要自然灾害之一。

三、对策建议

全球极端天气气候事件趋多趋强，自然生态系统和经济社会系统面临的气候风险趋重趋深。2015 年以来，美国多地遭遇了历史上最严重的干旱，巴西出现了近 85 年来最严重的干旱，朝鲜半岛遭受了百年一遇的特大干旱；印度北部、阿富汗北部、孟加拉国等地受到了罕见的暴雨袭击，上百人死亡；5—7 月，我国南方地区连续遭遇 21 场暴雨袭击，引发多起罕见洪涝灾害，南京、上海、南昌、武汉、深圳等大城市出现了严重内涝；河南省郑州等城市也多次出现内涝。这些也充分说明，全球气候变暖产生的影响在加大，地球上每个地方都面临未知的气候风险。主动适应气候变化，防御和减轻气象灾害，这是河南省实现经济社会发展长期目标的基本条件，也是河南省生态文明建设重要保障。因此建议：

（一）“十三五”期间要高度重视应对极端强降水事件的能力建设

“十三五”期间，要围绕全面推进气象现代化建设，做好气象事业发展规划的编制和实施，进一步提高适应气候变化特别是应对极端降水事件的能力。加快以气象观测站、雷达站为主的综合气象观测系统建设；加强暴雨等气象灾害预警预报技术研究和气象预报预测系统建设，开展城市暴雨内涝风险预警业务。

（二）加强气候可行性论证工作，降低气候风险、保障气候安全

根据《中华人民共和国气象法》、《河南省气象灾害防御条例》等法律法规的有关规定，将气候可行性论证纳入到城乡规划编制、重大工程项目等建设政策框架之中，在城乡规划编制和重大工程项目、区域性经济开发项目建设前，应进行气候可靠性论证，充分考虑气候适宜性、气象灾害风险性以及可能对局地气候产生的影响，避免、减轻气象灾害的影响，最大限度地降低气候风险，保障我省经济社会健康发展和人民生命财产安全。

（三）进一步强化气象灾害风险防范意识

加强部门合作，进一步健全气象灾害综合防御机制，合理配置各种防灾减灾资源，完善气象防灾减灾体系。利用各种社会资源，加强气象灾害防御科普教育，提高公众对气候变化和防灾减灾的科学认识，积极推进气象科普进学校、进社区，提升公众应对气象灾害能力。

2015年汛期丹江口水库水源区降水少，后期蓄水形势不容乐观

肖莺[1] 刘敏[1] 秦鹏程[1] 万君[1] 艾婉秀[2] 宋文玲[2] 王永光[2]
王凌[2] 姜允迪[2] 刘征[3] 王新[3] 吴晓京[3]
（1.湖北省气象局；2.国家气候中心；3.国家卫星气象中心 2015年11月2日）

一、入汛以来降水偏少，前期偏多后期偏少

2015年入汛以来（5月1日—10月31日），丹江口水库水源区平均降水量为633.4毫米，较常年同期（708毫米）偏少10.5%，比2014年同期偏少66.1毫米，为2007年以来同期最少。水源区东北部降水量不足400毫米，南部为600～900毫米，其他地区400～600毫米。与常年同期相比，西南部偏多1成，其余大部偏少，东北部偏少2～4成。

分月情况显示，2015年水源区降水前期偏多后期偏少，与去年（前少后多）相反。其中5月偏多26.5%，6月偏多55%，7—10月分别偏少57.7%、31.6%、4.5%和10.6%。

二、水库水位偏低，水体面积较去年小

入库流量前多后少，水位偏低。受降水影响，5月、6月水库入库流量分别较常年同期偏多9.2%、40.3%，6月30日达到极大值（5820立方米/秒），之后减少明显，7—10月偏少近6成。水库水位在5月4日（157.36米）和7月17日（156.04米）（上游水库防汛腾库容放水）出现两峰值，在6月23日（153.85米）和9月12日（152.47米）出现两低谷。10月平均水位153.2米，比2014年同期低6.37米。10月28日，水库水位只有152.67米，离大坝加高后设计的10月10日库水位达到157米相差4.33米，水库有效蓄水量17.46亿立方米。

水库水体面积较2014年小。气象卫星观测显示，2015年10月中旬丹江口水库水体面积较9月水体面积偏大约10%左右，较2014年10月偏小约12%。

三、未来趋势预测及建议

预计11—12月，丹江口水库水源区降水总体较常年同期偏多，其中11月偏多1～2成，降水量30～35毫米，12月偏少1成左右，降水量9～10毫米。预计11—12月可形成入库水量约8亿立方米。

11月进入秋汛末期，虽然降水可能偏多，但降水量级小，入库水量少，12月进入枯水季节后更不利于水库蓄水。建议加强水库水资源调度和管理，关注11月水源区降水预报，抓住降水过程多蓄水。

当前宁夏回族自治区旱情研判及未来干旱发展趋势预测

陆晓静　苏占胜　李艳春　刘静　张学艺　韩颖娟　李欣

（宁夏回族自治区气象局　2015 年 7 月 16 日）

摘要：2015 年以来，宁夏回族自治区气温偏高、中北部地区降水偏少。截至 7 月 14 日，利通区及其以北大部、麻黄山发生重度以上气象干旱。据 7 月 11—12 日旱情调查，中南部山区大部地区粮食作物长势较好；压砂瓜受前期干旱影响，果实偏小，品相不佳；盐池、同心等地天然草场普遍受旱；人畜饮水需求大部分地区尚能满足。预计 7 月中下旬中南部旱情蔓延加重，8 月中南部旱情有所缓解，但大部地区仍将维持轻到中度干旱。各地需做好抗旱救灾各项准备工作，积极采取水库、窑窖补灌等措施减轻干旱的影响。

一、2015 年以来气候概况

2015 年以来（1 月 1 日—7 月 14 日），宁夏回族自治区气温偏高、中北部地区降水偏少。全区平均气温为 8.9℃，比常年同期偏高 1.2℃，其中，引黄灌区和中部干旱带平均气温分别为 9.9℃、8.5℃，比常年同期均偏高 1.2℃；南部山区平均气温为 6.4℃，偏高 1.1℃（图 2-16）。全区平均降水量为 104.5 毫米，较常年同期偏少 11%，其中，引黄灌区和中部干旱带平均降水量分别为 53.1 毫米、106.2 毫米，比常年同期分别偏少 34%、17%；南部山区平均降水量 244.7 毫米，偏多 17%（图 2-17）。

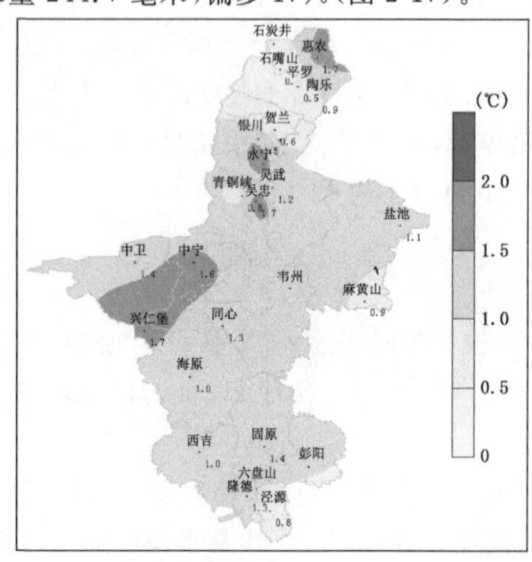

图 2-16　2015 年 1 月 1 日—7 月 14 日气温距平分布图

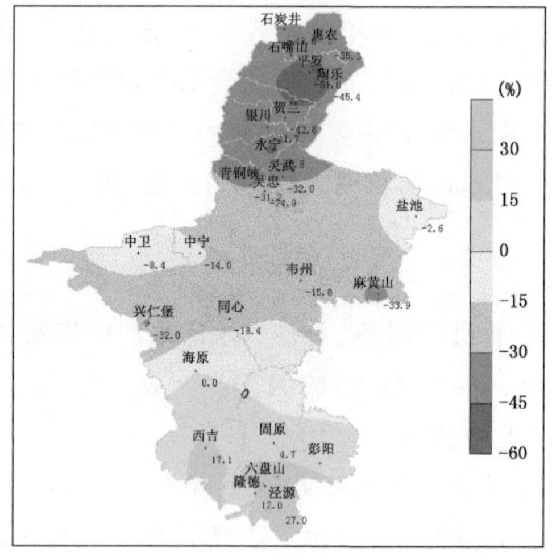

图 2-17　2015 年 1 月 1 日—7 月 14 日降水距平百分率分布图

二、气象干旱及土壤墒情状况

2015 年 1 月至 5 月中旬，全区平均降水量为 62.8 毫米，较常年同期偏多 38%，其中，引黄灌区、中部干旱带、南部山区分别偏多 21%、29%、67%；5 月下旬至 7 月 5 日，宁夏回族自治区中北部地区降水量明显偏少，引黄灌区大部降水量不足 10 毫米，中部干旱带降水量不足 25 毫米，比常年同期偏少 52%～93%。中北部各地出现重度以上气象干旱（图 2-18）。7 月 6—14 日，宁夏回族自治区除惠农以外，各地均出现降雨，利通区以南各地累计降水量普遍在 10 毫米以上。截至 7 月 14 日，利通区及其以北大部、麻黄山维持重度以上气象干旱，盐池、海原、西吉气象干旱解除，其他地区气象干旱较之前有所缓解（图 2-19）。

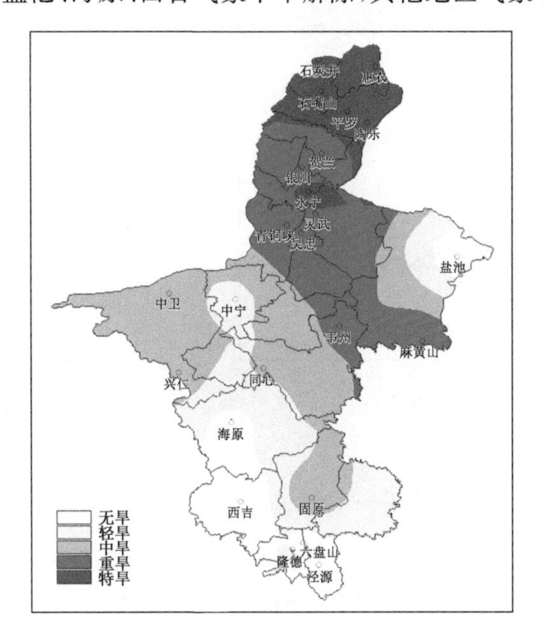

图 2-18　2015 年 7 月 5 日宁夏气象干旱监测图

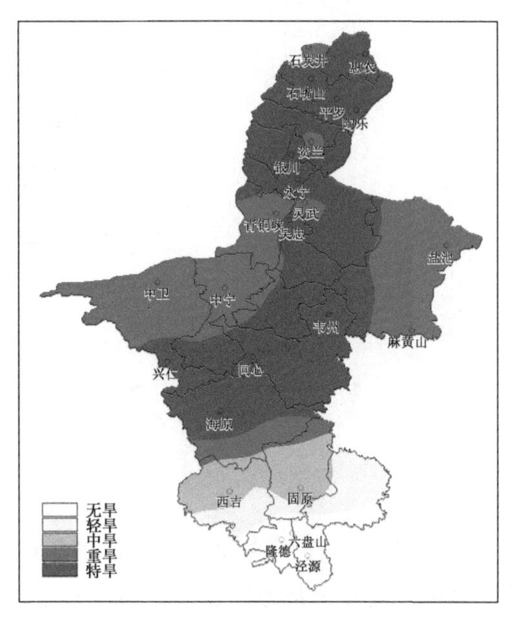

图 2-19　2015 年 7 月 14 日宁夏气象干旱监测图

根据 2015 年 7 月 11 日干旱遥感监测结果分析，0～50 厘米土壤重量含水量灌区大部地区在 12%～24%，墒情适宜；贺兰山沿山、青铜峡西部在 12%以下，出现旱情，对牧草生长不利，增大了酿酒葡萄灌溉成本；中部干旱带中西部在 8%～12%，出现了轻度干旱；盐池大部、灵武山区、利通区山区、红寺堡等地在 6%～8%，出现了中度干旱；盐池中部局地小于 6%，出现重度干旱；海原西南部在 12%以上，墒情适宜；南部山区大部分地区土壤墒情较好，适宜玉米、马铃薯生长，仅原州区北部小于 12%，作物出现旱象（图 2-20）。

7 月 13—14 日，全区大部地区出现了小雨过程，根据雨后自动土壤水分监测，除银川市大部、西吉、隆德等地土壤表墒略有增加外，其他地区土壤含水量仍在下降。

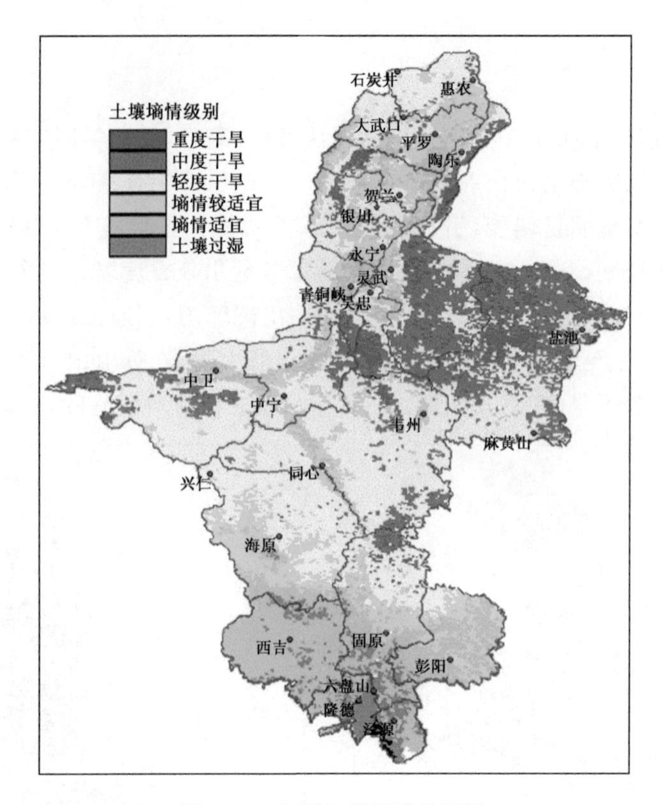

图 2-20 宁夏干旱遥感监测图

三、旱情调查

7月11—12日，宁夏回族自治区气象局组织专业人员对盐池、同心、海原、原州区、彭阳、中卫环香山等中南部地区进行了旱情实地调查。调查结果表明，中南部山区大部地区粮食作物长势较好；压砂瓜受前期干旱影响，果实偏小，品相不佳；盐池、同心等地天然草场普遍受旱；人畜饮水需求大部分地区能够满足。

粮食作物：中南部山区大部地区粮食作物长势较好，各地玉米株高普遍在1.6～2.4米，马铃薯株高在0.4米以上，生长正常，病虫害少。其中，盐池、海原、彭阳等地玉米处于大喇叭口期，普遍无干土层，0～20厘米土壤重量含水量在12%～16%，长势正常；同心东部地膜玉米受旱明显，基部两片叶枯黄，但比受晚霜冻影响的2014年同期略好（图2-21）；同心预旺、下马关等地冬麦田干土层超过20厘米，前期受旱较重，株高偏低，结实小穗数比2014年少2个，且灌浆提早结束。彭阳罗洼以北冬麦田有5厘米左右干土层，0～20厘米土壤重量含水量约10%，其他地区冬麦受干旱影响较小；同心东部预旺、下马关一带马铃薯田干土层大于5厘米，发棵困难。其他地区马铃薯生长正常，目前已开花，无明显的疫病发生。

经济作物：环香山地区压砂瓜种植面积明显少于往年，约一半的压砂田改种压砂小麦、玉米、葵花等作物。压砂瓜田干土层厚度普遍在5厘米左右，0～20厘米土壤重量含水量13%左右，压砂瓜正处于果实膨大期。由于前期受旱较重，影响伸蔓、开花、坐果，且果实偏小，品相不佳，部分田块正在摘除品相较差的果实，待重新结果，上市可能推迟(图 2-22)。兴仁压砂枸杞目前已采摘三批夏果，比往年有所推迟，受前期干旱影响，果实偏小。其他地区枸杞种植区普遍有灌溉条件，树势较好，无受旱迹象。

图 2-21　同心东部受旱的地膜玉米

图 2-22　环香山地区农户正在摘除不成形幼瓜

生态环境：盐池、同心等地天然草场由于春季降水偏多，草场返青早，牧草长势较好，覆盖度高。但 5 月中下旬以来降水偏少，普遍受旱，部分牧草返青后旱死，目前天然草地普遍有 10～30 厘米干土层，墒情较差(图 2-23)。

人畜饮水：由于集雨窖、蓄水池等抗旱设施的广泛建设，目前居民饮水尚能够保证，但盐池麻黄山等地窖蓄水量不足 1/3，存在牲畜饮水困难(图 2-24)。

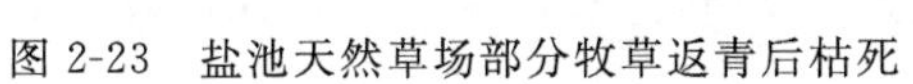

图 2-23　盐池天然草场部分牧草返青后枯死

图 2-24　麻黄山窑窖蓄水量不足，牲畜饮水困难

四、7 月中下旬至 8 月旱情趋势预测

据最新气象资料分析，预计 7 月 16—31 日全区气温偏高，引黄灌区降水量在 20～30 毫米，较常年同期偏少 10％(偏少 2～3 毫米)；中部干旱带和南部山区降水量在 30～60 毫米，较常年同期偏少 20％(偏少 7～15 毫米)；其中，18—21 日全区多分散性阵雨或雷阵雨天气。8 月全区平均气温仍偏高，引黄灌区大部及南部山区降水量在 25～90 毫米，较常年同期偏少 30％(偏少 10～40 毫米)；中部干旱带及引黄灌区的中卫市沙坡头区、中宁县降水量在 50～

80毫米，较常年同期偏多20%（偏多10～15毫米）。

目前，由于全区各类秋作物都处于需水旺盛期，且温度高，地表蒸发量大，综合未来降水情况，预计7月中下旬中部干旱带和南部山区土壤含水量将进一步下降，旱情有加重蔓延之势，中部干旱带大部将出现中—重度干旱；南部山区的原州区中北部可能出现轻旱（图2-25）。8月，中部干旱带降水偏多，旱情将有所缓解，兴仁、红寺堡、预旺等地干旱程度下降，但仍有轻度干旱；盐池大部地区有中度干旱；南部山区降水偏少，原州区的北部地区旱情可能有所加重，将出现中度干旱；西吉和彭阳局地有可能发生轻旱（图2-26）。

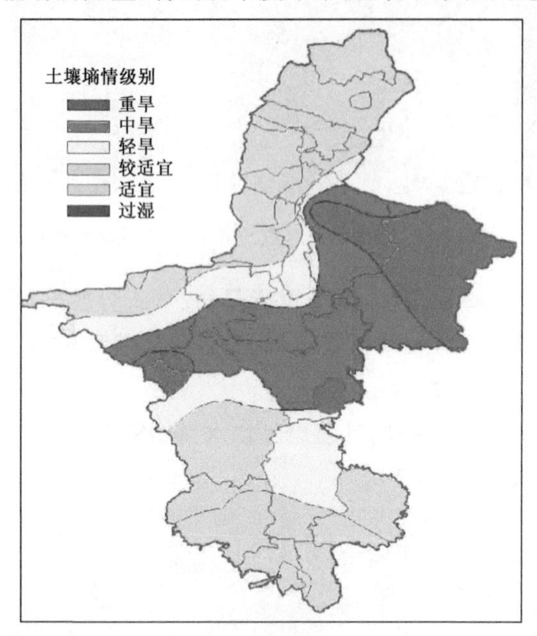

图2-25　2015年7月中下旬干旱发展趋势图

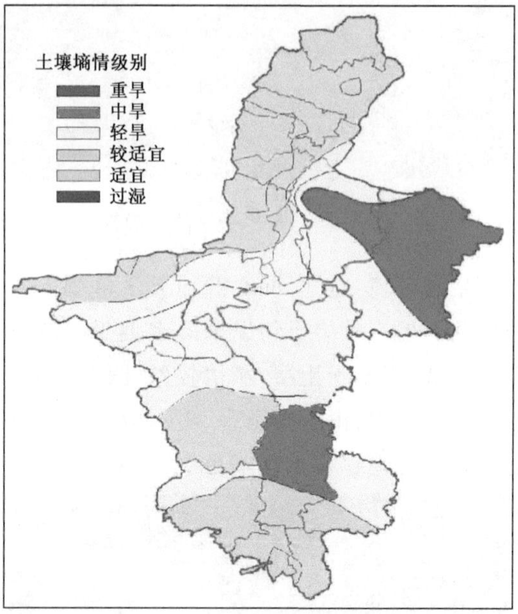

图2-26　2015年8月干旱发展趋势图

五、未来旱情影响分析

粮食作物：目前，玉米正处于需水旺盛的“大喇叭口”期。7月中下旬随着中部干旱带旱情的进一步发展，大部地区玉米可能遭受不同程度的干旱威胁，导致部分地区玉米基部叶片枯黄，造成抽雄困难、穗小、秃尖长、双棒率减少等，产量将受到影响。干旱还可能导致马铃薯结薯率下降，膨大不足，从而影响产量和大中薯比率。但是，高温少雨可为灌区水稻、玉米生长提供充足的热量资源，弥补前期温度偏低导致的发育期推迟，长势由偏弱转强，有利于提高玉米、水稻产量及品质；也可减轻枸杞炭疽病、葡萄霜霉病和马铃薯晚疫病等病害的发生。

经济作物：环香山地区压砂瓜已到水分临界值，7月中下旬降水偏少，将进一步影响果实膨大、成熟及头果摘除后次果的结实；8月是压砂瓜成熟上市期，降水偏多会一定程度上降低压砂瓜糖分含量，影响品质；兴仁压砂枸杞第四批夏果也将受水分制约而导致果实小，但8月降水偏多，对改善枸杞树势、秋果结实有利。除此之外，灌区及南部山区7月中旬至8

月降水偏少，虽对酿酒葡萄、枸杞、红枣、苹果等经济作物影响不大，但增大了经济作物的补灌成本，经济效益会受到一定影响。

生态环境：中部干旱带7月中下旬降水偏少，对生态环境建设十分不利，一些耐旱性较差的草种可能受旱致死，耐旱性较强的草种也可能因受旱而生长受阻。8月降水偏多，对草场恢复较为有利，耐旱性较强的牧草将一定程度上恢复生长。南部山区7月中旬至8月，降水持续偏少，对生态环境建设不利，但由于前期底墒较好，林木和草原受到干旱的影响有限。

人畜饮水：从调查情况来看，中部干旱带家庭集水窖畜水已显不足，但尚能够应对7月中、下旬的旱情，居民饮水问题不大，但牲畜饮水难以满足。8月降水偏多，人畜饮水困难将得到一定缓解。

六、建议

(1)为确保农业生产和人畜饮水，各地需提前部署，做好抗旱救灾各项工作，相关单位加强水资源的调度，高效利用水库、窑窖等水利设施，减轻干旱影响。

(2)由于7月中下旬中部干旱带的旱情较重，可能引发蚜虫、蝗虫、红蜘蛛、玉米螟等虫害，需加强监测，并适时进行防治。

(3)7—8月宁夏回族自治区玉米、马铃薯处于产量形成的关键期，需加强田间水肥管理，有灌溉条件的地区，密切关注天气变化并结合土壤湿度和作物长势，及时补灌，保证生长。

(4)各级人影部门要抓住一切有利的天气条件，进一步做好人工增雨工作，积极开发空中水资源，为农业生产、人畜饮水以及生态建设提供有效降水。

科学开发利用桂东县独特气候资源，走绿色扶贫之路

廖玉芳　彭嘉栋　吴贤云　谢益军　段丽洁
（湖南省气候中心　2015 年 8 月 18 日）

摘要：桂东县地处大陆性中亚热带湿润季风气候区，因是全省海拔最高的山区县，所以又具有山区气候的特点，该县气候可概况为：四季分明，夏无酷暑，温暖湿润。桂东县最主要的气象灾害有暴雨灾害、冰冻和低温冷害。桂东县有三方面的气候资源优势：气温日较差为全省最大、云水资源为全省最丰富、气候舒适度为全省最高。针对桂东县气象灾害特点及气候资源优势，提出开发利用气候资源扶贫建议如下：一是强化气象灾害监测能力、防御能力、技术支撑能力建设，提升贫困县应对气象灾害的能力；二是开发利用得天独厚旅游资源，快速推进“全域旅游”进程；三是充分开发利用气候资源，发展生态品牌。

一、桂东县气候概况

桂东县位于湖南省东南部边陲，地处罗霄山脉南端、南岭北麓、诸广山西翼、八面山东侧。属大陆性中亚热带湿润季风气候区，并具独特的小气候特点，可概括为 12 个字：四季分明，夏无酷暑，温暖湿润。

桂东县年平均气温 15.8℃（全省最低），冷在 1 月（平均气温 6.0℃，全省各县市中排第 22 位），热在 7 月（平均气温 24.3℃，全省最低）；年极端最高气温 36.7℃（1998 年 8 月 24 日），年极端最低气温零下 11.9℃（1975 年 12 月 15 日），详见图 2-27。

年平均降水量 1742.4 毫米（全省年降水量最多），呈现为双峰型，6 月降水量最多（251.4

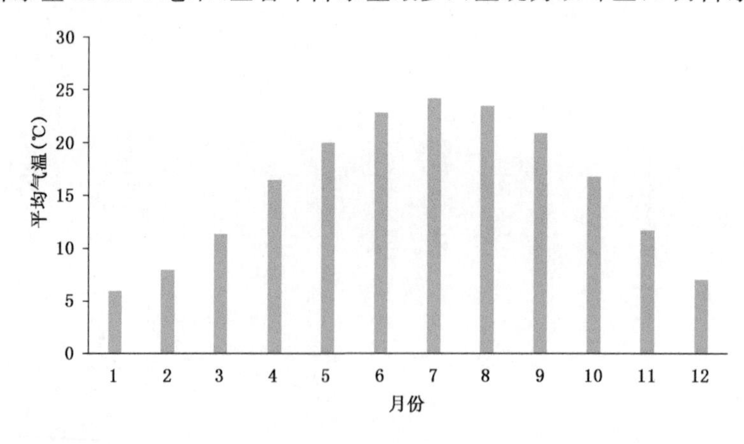

图 2-27　逐月平均气温图

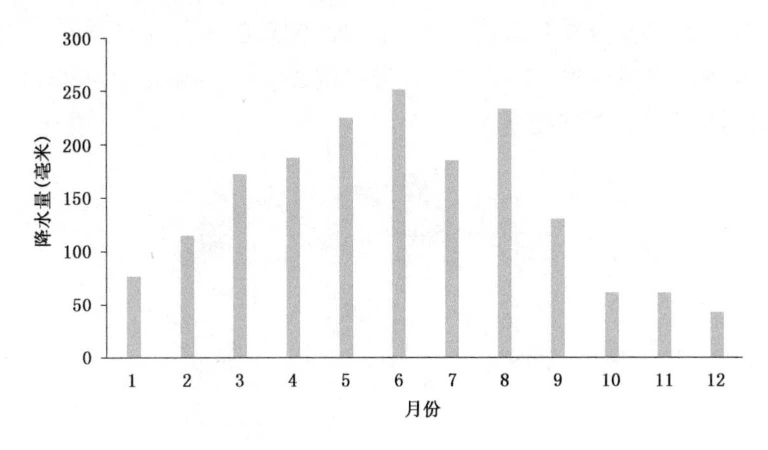

图 2-28 逐月平均降水量图

毫米),8 月次多(233.4 毫米),12 月最少(43.0 毫米),详见图 2-28。最大日降水量 195.1 毫米(1996 年 8 月 2 日)。

年平均日照 1440.4 小时;年平均蒸发量 1205.1 毫米;年平均相对湿度 83%(全省最大);年平均无霜期 251 天;年平均风速 1.3 米/秒,最多风向是东北东。

二、桂东县主要气象灾害及其影响

(一)暴雨灾害

根据湖南省民政厅统计:2010—2014 年,因各类气象灾害共造成桂东县直接经济损失 10 亿元,其中 85%以上的经济损失由暴雨洪涝灾害造成(表 2-3)。2010 年是灾害影响最重的一年,造成直接经济损失 8.53 亿元(占全年 GDP 的 62.3%),其中洪灾损失就有 8.13 亿元。

表 2-3 2010—2014 年桂东县灾害损失

	2010	2011	2012	2013	2014
受灾人口(人)	137300	28878	28372	62400	25700
死亡(失踪)人口(人)	8	0	0	0	0
紧急转移安置(人)	42131	56	1188	1199	1335
农作物受灾(公顷)	38130	3620	652	3288	859
农作物绝收(公顷)	633	0	10	290	10
倒塌房屋(间)	3547	0	77	28	17
直接经济损失(万元)	85368	1950	3158	6177	3540

桂东县暴雨造成的灾害中最主要的是地质灾害:桂东县地形陡峻,地层岩性以花岗岩、浅变质岩、砂页岩为主,岩石风化程度高,抗冲刷能力弱。又地处八面山暴雨高值中心区,多年平均暴雨日数达 4.3 天(全省平均为 3.8 天),因此,被列为湖南省地质灾害的高易发区(图 2-29)。尽管桂东县加大了对地质灾害(隐患)点的治理力度,成效显著,但已查明的地质

灾害隐患点得到有效工程治理和搬迁避让的不足10%，因此目前仍有9597人、8493间房屋、44011.9万元财产受到地质灾害威胁。随着桂东县经济发展，各类工程建设活动的急剧增加，滑坡等地质灾害还会相应增多。

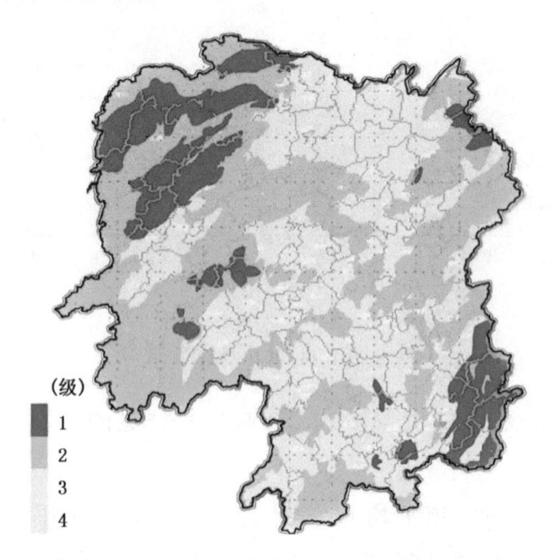

图2-29 湖南省地质灾害易发程度分区图

其次是城市内涝。2010年6月因城市内涝损毁市政设施，造成直接经济损失就达481.4万元。

(二)冰冻灾害

桂东县年冰冻日数4.8天，在全省位居第3高位，直接影响到农、林、交通运输、电力的安全发展。寒口凹因冰冻实地观测数据不足，直接影响到电力部门抗灾决策，处置速度过慢极易造成灾害面积扩大，并影响到寒口乡、桥头镇、清泉镇三乡镇农业生产、生活用电。

(三)低温冷害

桂东县春寒(倒春寒)、5月低温、寒露风几乎一年一遇(发生频次全省最高)，特色农作物或经济作物(玉米、茶叶、药材、花卉苗木等)受冷害危害风险大。

(四)其他气象灾害

高温热害、干旱、强对流天气、雾、霾等气象灾害发生频次低于全省平均值，其中高温日数全省最少，干旱日数全省第2少，全年无霾发生。

三、桂东县气候资源优势

(一)气温日较差为全省最大

桂东县日平均气温稳定通过10℃的活动积温为4704.7℃·d(全省最少，但达亚热带热量资源标准)，年平均日较差为9.5℃(全省最大)。

(二)云水资源为全省最丰富

桂东县年降水量较全省平均偏多331.3毫米，较郴州市偏多239.0毫米，主要降水量集中在4—9月，占全年的70%。桂东县年平均低云量为6.7成，年平均低云量≥8成日数172.9天，全省最多。年平均相对湿度83%，全省最大。多年平均气象干旱日数65.9天，属气象干旱日数第2少的县市(安化最少)。

(三)气候舒适度为全省最高

桂东县全年基本无霾天气发生；多年平均高温日数仅0.7天(全省最少)；人体感觉最舒适的天数为88.1天，较为舒适(人体感觉略偏凉或偏暖)的天数为100.7天，均位居全省各县市之首。

(四)风能、太阳能资源开发利用有潜力

桂东北部和东部山区的年平均风功能密度一般在300～400瓦/平方米(图2-30)，属风能资源次丰富区，小型、分布式风电接入可充分挖掘当地的风能资源潜力。

桂东县平均太阳总辐射量为3957兆焦/平方米(图2-31)，高于全省平均值(3929兆焦/平方米)，根据中华人民共和国气象行业标准《太阳能资源评估方法》(QX/T 89－2008)评估，属太阳能资源丰富区。

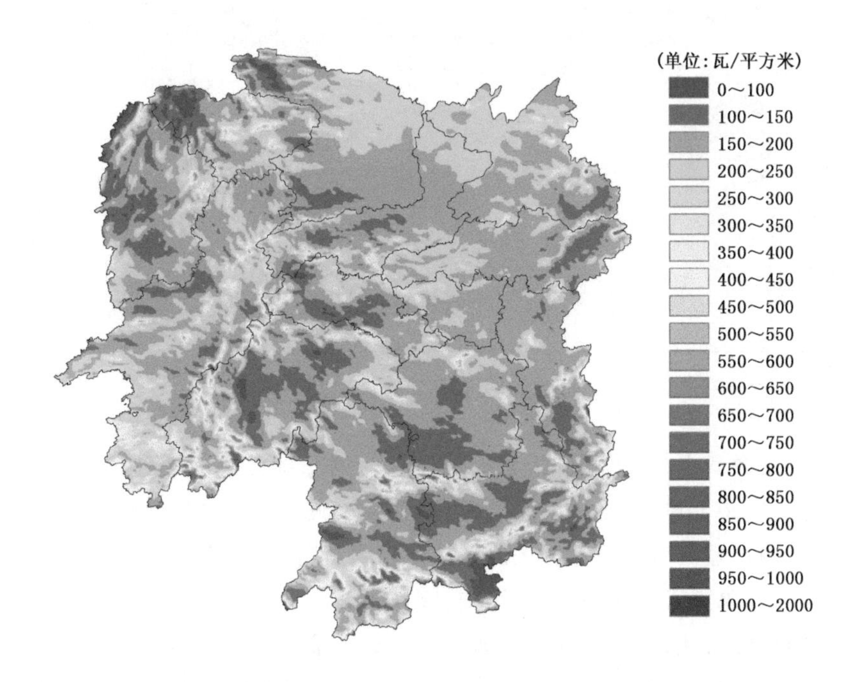

图2-30　湖南省70米高度年平均风功率密度分布图

四、桂东县扶贫气候资源开发利用建议

(一)强化三方面能力建设，提升贫困县应对气象灾害的能力

气象灾害监测能力建设：摸清家底，整合部门自然灾害监测网络资源，针对地质灾害、旅游气象灾害、交通气象灾害、电线覆冰、城市内涝、森林火灾及病虫害等灾害监测的现状实行查漏补缺，如桂东目前雨量监测站网密度约50平方千米/站，其他县市已经达到30平方千

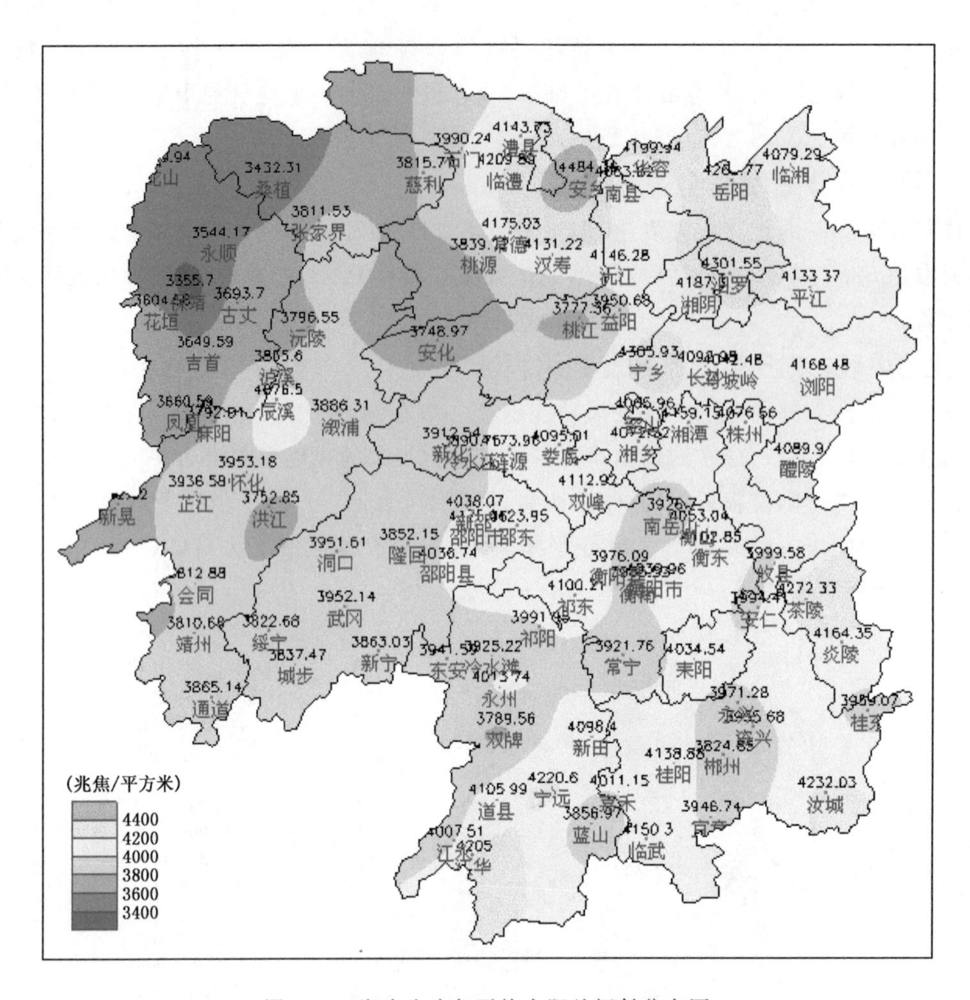

图 2-31　湖南省多年平均太阳总辐射分布图

米/站的水平；各旅游景点(十里不同天)、交通、电力、通信线路沿线需建立多要素气象观测站；城市低洼地要安装雨量、积水监测报警设备；森林火灾卫星遥感监测；地质灾害重点防范区实行双雨量观测站监测直接能对相关区域住户报警等等，建立多层次(雷达、卫星、地面)、全方位、广覆盖的气象灾害监测网，为抗灾、救灾提供及时、有效、准确的实况信息。

气象灾害防御能力建设：开展暴雨灾害、冰冻灾害、低温冷害等主要气象灾害的普查和精细化区划，开展城市暴雨强度公式的编制，为经济社会发展规划提供避灾依据，为灾害治理方案(高风险区居民的搬迁避让工程)的制定提供技术支持；整合部门灾情报告信息员队伍，在进行基本专业知识培训的基础上，承担全县气象灾害预警信息的传播及灾情的收集上报工作；定期针对地质灾害、城市内涝、冰冻等灾害开展应急转移演练与培训，提高人民群众的安全意识以及遇到相应灾害时的自救能力与逃生能力；推进政策性农业保险进程，不断提升农业应对灾害风险的能力。

技术支撑能力建设：加强特殊地形下强降水、大雾、冰冻预报技术的研究，进一步提高灾害预报的精准度；加强致灾临界气象条件及可能导致的损失研究，为政府防灾减灾提供针对性更强的决策依据；加强低温冷害预测技术研究，为防御工作的开展赢得时间提前量；选育抗低温农作物品种，增强耐低温能力。

(二)开发利用得天独厚旅游资源，快速推进“全域旅游”进程

桂东县享有得天独厚的地域优势：东临井冈山、北临炎帝陵、南临广东北门；桂东县享有得天独厚的气候资源优势：天然氧吧、自然空调、云雾缭绕；桂东县有独特的生态资源优势：森林覆盖率(林木绿化率)达81.81%，“玲珑王”、“哈哈牛”已评为湖南省著名商标。因此，开发利用气候资源发展“全域旅游”是绿色扶贫的重要措施。

一是利用天然氧吧、自然空调优势发展避暑、深呼吸等特色旅游项目，同时可加大“候鸟式”和“季节性”养老等形式多样的旅游服务项目的扶持力度，吸引外地人到桂东休闲养老。

二是利用生态产业优势发展生态农庄：以茶叶观光、采茶、制茶为特色的茶类休闲农庄；以植物鉴赏为特色的花卉苗木类休闲农庄；以三木药材与自然景点为特色的观赏旅游型休闲农庄；以林海与生态旅游为特色的休闲农庄；以特色餐饮为依托的赏花果与农作型休闲农庄；以生态资源为依托的发展养生型生态农庄等。

三是利用区位优势推进旅游产业的联动式发展。加强与周边旅游产业的联合，让桂东县成为既是旅游中心地，又是旅游中转站。

(三)充分开发利用气候资源，发展生态品牌

1. 发展农业气候品牌

桂东县温、光、水资源充足，气温日较差大，高温、干旱少，云多、雾多，极有利于发展特色农业，如打造出了“玲珑王”、“哈哈牛”等一批特色知名品牌；中药材品种800多种，几乎占到湖南省的一半(湖南共2000多种)等。

一是开展现有六大特色产业(茶叶、花卉苗木、药材、楠竹、草食动物、无公害蔬菜等)的气候品质论证，贴上气候品质论证标签的宣传更能增强品牌效应。

二是开展省内外经济价值高的经济类作物的气候适宜性区划和品质区划，通过引进、发展丰富桂东县的经济作物类型。

2. 创节能减排示范县

桂东县冬不寒冷、夏无酷暑，取暖、降温能耗相对于省内其他县低，有利于创建节能减排示范县。

桂东云水资源、太阳能资源丰富，风能资源较丰富，可通过积极发展风电、太阳能、农村水电增效扩容改造工程(对早期建设的水电站实施农村水电增效扩容改造工程，可增加装机规模20%～30%，增加发电量30%左右)等低碳和循环产业，创建示范县。

林业碳汇因其固碳减排效果明显且生态环境价值高而备受关注。桂东县森林覆盖率高，一方面要积极争取国家碳汇造林项目的支持，做好森林防火工作；二是要加强碳汇评估，积极寻求进入碳交易市场，为扶贫赢得更多资金。

入梅以来强降水特点及气象服务情况

田心如　吴海英　张旭晖　魏建苏　濮梅娟
（江苏省决策气象服务中心　2015年7月2日）

摘要：6月24日入梅至6月30日，强雨带在江苏省南北摆动，强降水过程频繁、持续时间长、影响范围广、沿江地区雨量集中、降水强度大为历史罕见。沿淮及淮河以南地区有27个县(市、区)入梅以来7天累计雨量已超常年梅雨量。多地发生城市内涝和农田积涝，沿江苏南多条河流及支流超保证水位或历史最高水位。全省气象部门全力以赴，提前准确预报预警，主动及时为省委、省政府和各地党委、政府服务，为取得防汛抗灾阶段性胜利作出了贡献。预计未来一周，江苏省以多云天气为主，建议相关部门利用降水间歇，抓紧排涝降渍，降低灾害损失，做好灾后恢复工作。

一、入梅以来降水特点

（一）雨带南北摆动、影响范围广

入梅至6月30日，江苏省持续出现暴雨、大暴雨天气，雨带南北摆动，24日强降水在江淮之间和淮北地区，25—27日逐渐南压至沿江和苏南，28日略有北抬，29—30日在沿江、江淮之间北部和淮北地区。

（二）强降水过程频繁，沿江地区降水集中

江淮之间和淮北地区主要在6月24—25日、29—30日出现暴雨或大暴雨过程，沿江地区6月25—29日连续5天出现暴雨或大暴雨过程。6月24日08时—7月1日08时累计雨量：沿江到沿淮地区在200毫米以上，其中沿江地区及沿淮部分地区超过300毫米，江阴、丹阳、句容、金坛、张家港、靖江等地超400毫米，常州郑陆镇多达542.8毫米，淮北和苏南南部地区70～200毫米。沿淮及淮河以南地区有27个县(市、区)已超常年梅雨量，沿江地区偏多明显，江阴偏多1.1倍，丹阳、张家港、常州偏多8成，金坛、句容、靖江偏多5成，其他地区偏多0.1～4成(南京偏多3成)。

（三）降水强度大、强降水持续时间长

6月24—30日，全省累计有35个站日出现日雨量在100毫米以上的大暴雨，为1961年以来6月最多。全省有12个县(市、区)日雨量超其6月历史极值(25日洪泽日雨量130.5毫米，27日沿江11个县(市、区)日雨量170～270毫米，南京204.1毫米)。强降水持续时间长，江阴连续4天出现暴雨或大暴雨(27日雨量170.5毫米、28日90.6毫米、29日105.7毫米、30日84.7毫米)，29日06时到11时连续5个小时出现22.7～40.3毫米的短时强降

水；丹阳连续 4 天出现强降水，3 天出现暴雨或大暴雨（27 日 162.3 毫米、28 日 117.8 毫米、29 日 81.7 毫米、30 日 45.6 毫米）。

二、强降水影响及气象服务情况

持续强降水导致南京、常州、无锡、镇江等多地发生城市内涝和农田积涝，秦淮河、苏南运河、望虞河、丹金溧漕河、锡澄运河等多条河流及支流超历史最高水位（江苏省防汛防旱指挥部办公室提供）。江苏省委省政府高度重视，周密部署，各部门及时响应，全面做好防御工作，有效减轻了气象灾害造成的损失。江苏省气象局根据省委省政府部署，按照中国气象局的要求，努力做好各项气象服务工作。

（一）预报预警提前准确

对于入梅及梅雨期的强降水过程，气象部门均提前准确预报，及时发布监测及预报预警信息，重点强调 2015 年梅雨“降水将呈持续时间长、短时雨强大、范围广等特点”。江苏省气象台及各市气象局及时发布暴雨、雷电等预警信号，如对 6 月 27 日大暴雨，常州市气象局及时发布了暴雨红色预警信号。

（二）决策服务及时主动

江苏省气象局及时主动向江苏省委、省政府和省气象灾害防御指挥部成员单位提供强降水信息和预报预警，报送各类决策气象服务信息，提前进行跟踪服务，为全省防灾减灾提供决策依据。及时制作《重要天气报告》、《一周天气》10 期，汇报雨情实况信息，分析后期天气趋势，提供逐日强降雨预报和防御建议。江苏省气象局领导连续 3 次参加省防指会议，当面汇报实况雨情和最新预报。还通过“江苏天气”决策手机客户端向省、市政府及相关部门领导推送实况、预报预警和决策服务信息。

（三）公众服务手段多、覆盖广

及时通过电视、广播、网站、微博、微信、96121、短信、手机智能终端 APP、报纸、大喇叭、电子屏等各类媒体、各种渠道广泛传播气象预报预警信息，全力保障人民群众生命财产安全。23 日江苏省气象台和南京市气象台联合召开了入梅新闻发布会。特别发挥了微博图文并茂、随时更新的特点，6 月 24 日—7 月 1 日，仅“江苏气象”发布微博 336 条，总阅读量 560 万人次，转发、评论、点赞总量近 8000 次，部分信息获“央视新闻”微博引用转载。与江苏动视合作，在南京、苏州、无锡、盐城、连云港的地铁、公交电子屏上播放气象预报预警信息。常州通过电视台、出租车 LED 游动字幕发布暴雨红色预警信号，并进行了短信全网发送。

（四）部门联动及时高效

加强与江苏省防汛防旱指挥部的联系，通过电话、短信、QQ 等通信工具，了解最新汛情、通报强降水实况和动向。每天与江苏省国土资源厅联合会商，自 26 日起连续发布地质灾害气象风险预警。实时向江苏省海事局、省高速公路联网营运管理中心提供长江、沿海、高速公路沿线天气预报及气象灾害预警。向涉农部门发送多期农业气象情报，提醒农业部门采取防灾减灾措施。

三、近期天气预测及建议

未来一周江苏省以多云天气为主。预计2—5日全省以多云天气为主，其中2—3日江淮之间北部和淮北地区局部有雷阵雨、雷雨大风等强对流天气；6日淮河以南地区阴有阵雨或雷雨，其中沿江苏南地区中雨、局部大雨，其他地区多云到阴；7—8日全省仍以多云天气为主。

另外，第9号台风“灿鸿”于6月30日在西北太平洋洋面上生成，正在向西北方向移动，需关注其发展和移动。

建议：

(1)做好农田管理工作。抢排田间积水，对没顶受淹造成全田死苗的田块，尽快进行补(改)种，对受淹严重但排水后新生心叶、新发白根的田块，及时补施恢复肥。

(2)密切关注淮河、长江流域干、支流的水情变化，加强中小河流和水库的防汛工作。利用降水间歇，抓紧检查、加固水利及防汛设施。

(3)市政部门抓紧做好城市排水管道的清淤疏通工作。

江苏省气象局将密切监测天气变化，及时做好预报预警和汛期气象服务工作。

4月以来厄尔尼诺事件背景下新疆天气气候特征

窦新英[1] 崔彩霞[2]
（1.新疆维吾尔自治区气象局决策气象服务中心；2.新疆维吾尔自治区气象局 2015年6月15日）

摘要：受厄尔尼诺事件影响，近期全球极端天气气候事件频发。印度半岛4月份遭遇暴雨洪涝袭击，之后又遭受高温热浪袭击，导致印度1000多人死亡；5月下旬美国多地遭受强风暴袭击，导致布兰科河发生1929年以来最大洪水，同时，美国加州出现历史上最严重的干旱。我国5月以来南方暴雨频繁，近期华北出现持续高温天气，部分地区降水和气温突破历史极值。新疆4月中旬以来4次区域性暴雨和局地强对流天气使多地受灾，造成人员伤亡；南北疆多次遭遇风沙袭击；北疆温度升降频率快，极端性强。

国家气候中心预测，厄尔尼诺事件将维持到2015年秋季，强度可达到强厄尔尼诺事件的标准。目前，新疆维吾尔自治区已进入主汛期，15至18日又一场强降雨影响新疆维吾尔自治区。预计6月21日至7月10日还有3场较明显的降雨过程，伊犁河谷、天山山区、南疆西部山区部分地区的局地强降雨可能引发洪水及泥石流、滑坡等地质灾害，南疆中西部地区可能出现气象干旱。建议各地需做好防汛、抗旱工作，防范极端天气气候事件的不利影响。

一、厄尔尼诺事件现已持续13个月，仍在继续发展加强

国家气候中心监测分析表明，目前，本次厄尔尼诺已发展成为1951年以来第9次中等以上强度的厄尔尼诺事件。与1997/1998年强厄尔尼诺事件相比，两次事件均从春季开始，持续超过一年，但是1997/1998年厄尔尼诺事件于1998年5月结束，强度为超强；本次厄尔尼诺事件从2014年5月开始已持续了13个月，预计将维持到2015年秋季，强度可能达到强厄尔尼诺事件标准。未来大气对厄尔尼诺事件的响应将进一步显现，可能会引发更多的极端天气气候事件。

新疆气象研究表明：厄尔尼诺事件的发生，有利于全疆降水增多，特别是北疆地区增多明显；全疆气温变化呈现“冬暖夏凉”的气候特点。全疆降水偏多时段比厄尔尼诺平均滞后约4个月，降水偏多时段平均长度约15个月；全疆气温冬季偏高、夏季偏低，但北疆气温在第10～14个月之间有一段相对高温时期。

反厄尔尼诺（拉尼娜）事件发生，有利于全疆降水减少，特别是北疆降水将明显减少，表现为明显的“旱年”；全疆气温变化呈现“寒冬酷暑”的气候特点。降水偏少时段北疆比反厄尔尼诺滞后约6个月，南疆滞后4个月，受其影响的北疆干旱期可持续21个月左右；全疆气温以偏低趋势为主，但在第10个月前后有一个短暂的高温期。

二、受厄尔尼诺影响，高温热浪导致印度上千人死亡；我国南方暴雨成灾，北方出现高温天气

高温热浪横扫印度。印度半岛 4 月遭遇暴雨洪涝袭击，造成 100 余人死亡，5 月 18 日以来，又遭遇高温热浪袭击，部分地区气温高达 46～50℃，高温热浪已导致印度 1000 多人死亡（图 2-32）。与此同时，美国得克萨斯州休斯敦市遭受强风暴袭击，俄克拉荷马城 5 月降雨达 480 毫米，布兰科河发生 1929 年以来最大洪水，洪灾造成多人死亡；而加利福尼亚州正在发生历史上最严重的干旱。此外，刚刚经历了近 85 年最严重干旱的巴西近期出现旱涝急转，暴雨成灾。

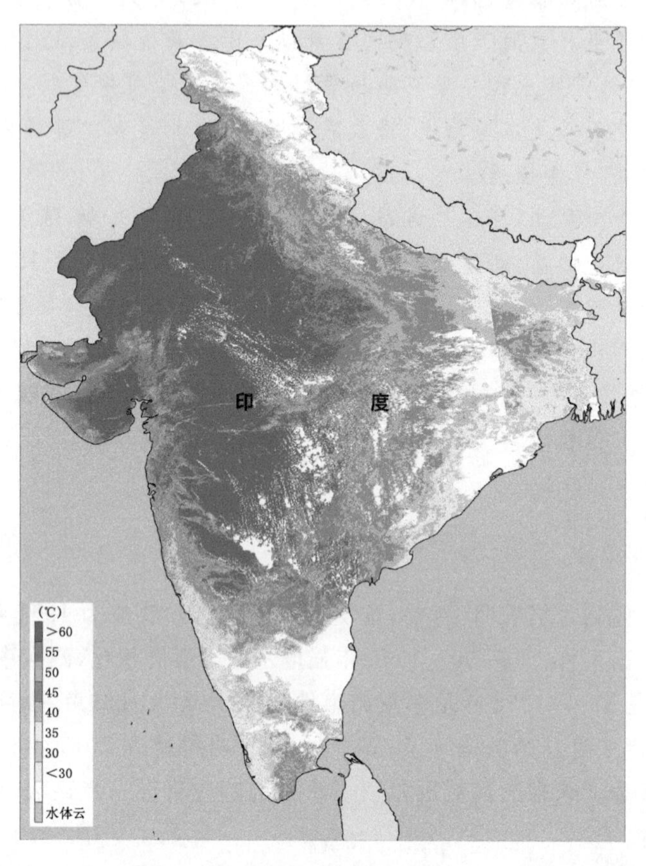

图 2-32　2015 年 5 月 27 日风云三号气象卫星印度地表温度监测图

我国南方暴雨频繁，北方出现高温天气。5 月以来南方出现 6 次暴雨过程，累计降雨较常年同期偏多 5 成以上，部分地区偏多 1～2 倍。5 月 18—21 日南方发生今年以来最强暴雨过程，降雨 50 毫米以上覆盖面积达 74 万平方千米，广东海丰（473.1 毫米）、福建清流（367.9 毫米）等 39 站日降雨突破春季或历史极值。5 月下旬以来，京津冀三地有 13 站日高温突破 35℃。北京 5 月下旬平均气温较常年同期偏高 3.2℃，为近 14 年来同期最高。

三、4月以来，新疆维吾尔自治区强对流天气早发频发，出现全疆范围风沙天气，暴雨多发、重发，北疆温度升降频率快，极端性强

暴雨多发重发，覆盖面广，局地降雨强。4月中旬以来全疆出现4次区域性暴雨过程，覆盖全疆90%的地区。4月14—17日，伊犁河谷平均降雨20毫米，沙湾至阜康的北疆沿天山一带大部降雨20毫米以上，乌鲁木齐、昌吉州的山区30～45毫米雨转雪，最大暴雨中心在乌鲁木齐40.4毫米，日降雨突破4月历史极值。5月17—21日暴雨波及全疆15个地州，261站累计雨量超过24毫米，61站超过48毫米，最大降雨中心在昌吉木垒英格堡107.3毫米，昌吉天池72小时降雨89.0毫米，强降雨区最大小时雨强10～15毫米。5月18日小渠子(45.8毫米)、白杨沟(40.6毫米)暴雨，日降雨均突破5月历史极值。6月9日午后至夜间，昌吉和乌鲁木齐出现强降雨，44站降雨超过24毫米，9站超过48毫米，暴雨引发洪水及地质灾害，造成4人死亡，1人受伤。

强对流天气突发性强，致灾重。4月中旬以来，新疆维吾尔自治区80%的县市发生了局地短时强降雨、大风、雷电、冰雹等强对流天气。4月17日库尔勒市出现历史最早冰雹天气，冰雹直径1.0～1.5厘米，降雹20分钟地面积雹厚度达5厘米，造成盛花期香梨绝收。5月5日下午，乌鲁木齐市区突发雷暴，一住宅楼配电室因雷击起火，造成小区停电6个多小时。5月15日塔城裕民发生雷暴，雷击造成1人死亡。6月9日午后至夜间，昌吉和乌鲁木齐出现短时强降雨、雷暴及局地冰雹，昌吉木垒照壁山双湾村12小时降雨108.6毫米为特大暴雨，最大雨强达23.7毫米，乌鲁木齐小时雨强14.7毫米，突破6月历史极值。因短时强降雨引发城市积涝、洪水等灾害，造成人员伤亡。

大风沙尘横扫南北疆大部。4月以来新疆出现5场致灾大风过程，全疆104个县市有73个县市出现8级以上大风，南疆各地及北疆伊犁、石河子、昌吉、乌鲁木齐的35个县市伴有沙尘暴，其中和田洛浦和巴州若羌、且末出现次数高达7～9次，较历年同期多2～3次。4月26—29日我区出现2008年以来最强风沙天气，风沙席卷了全疆57个县市，其中30个站出现扬沙，16个站出现沙尘暴，和田墨玉、于田出现能见度为0米的特强沙尘暴(黑风暴)。

强寒潮来势猛，北疆温度升降频率快，极端性强。3月底至6月上旬，冷空气异常频繁，北疆经历5次强升温和3次强降温过程，升温时段平均气温较历年同期显著偏高3～8℃，其中乌鲁木齐3月24日平均气温14.3℃，较历年同期偏高10.8℃，突破3月历史极值；降温时段平均气温较历年同期显著偏低3～11℃，尤其是3月底至4月初的强寒潮天气，北疆48小时普遍降温6～16℃，其中博州温泉及伊犁伊宁县、尼勒克、巩留、特克斯日低温(4月1日)为－18.5～－8.5℃，和布克赛尔日低温(4月2日)为－20.6℃，均突破4月历史极值。

四、6月21日—7月10日天气趋势预报

6月15—18日伊犁河谷、博州、塔城、阿勒泰东部、北疆沿天山一带、天山山区、巴州北部、哈密北部等地又有一场强降雨及局地阵风、雷电、冰雹等强对流天气，至本月底北疆平均气温将比常年偏低。

预计6月21日—7月10日，全疆大部地区气温较常年偏高；北疆沿天山一带(12～28毫米)、天山山区(40～88毫米)、巴州北部(8～20毫米)等地降雨量略偏多，其余地区偏少。

与常年同期相比，塔城南部、石河子垦区、昌吉、乌鲁木齐、天山山区、巴州北部等地较常年偏多2成，北疆其余地区偏少1～2成，南疆西部、阿克苏、吐鄯托、哈密等地偏少2～3成（图2-33）。大降水时段在6月下旬。

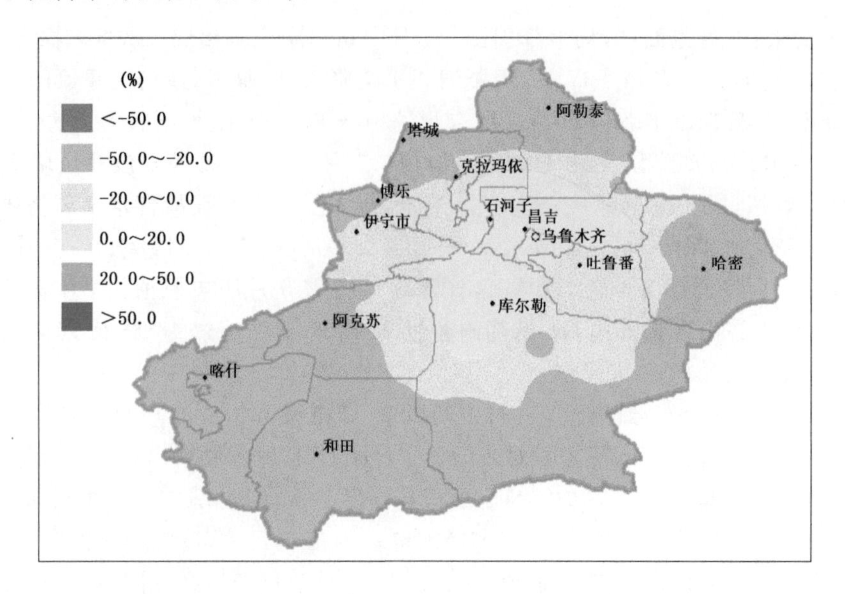

图2-33　2015年6月21日—7月10日降水距平预报图

主要降雨过程：预计有4场较明显的降雨过程影响新疆维吾尔自治区。6月15—18日的强降雨降温过程；6月22—24日北疆沿天山一带、天山山区、巴州北部中雨天气；7月1—2日，10日前后，北疆大部、天山山区、哈密北部、巴州北部的中雨天气。

五、思考与建议

党的十八大报告提出“加强防灾减灾体系建设，提高气象、地质、地震灾害防御能力”。中央新疆工作座谈会以来，新疆经济社会快速发展对防御气象灾害的需求不断提升，新疆气象灾害防御能力相对不足的矛盾日益突出。为此建议：

（1）要加强气象灾害防御组织体系建设。区地县三级政府应完善气象防灾减灾组织机构建设，履行气象防灾减灾的组织管理职能；同时强化农村气象灾害防御体系建设，完善乡（镇）村灾害应急防御组织，建立健全乡镇气象信息服务站和乡村信息员队伍，充分发挥基层队伍在气象防灾减灾的作用。

（2）要加强气象灾害防御机制建设。强化“政府主导、部门联动、社会参与”的气象灾害防御运行机制，完善气象灾害防御多部门联合会商制度，实现部门间气象灾害预警、预防、应急救援和灾情信息的通报共享，加强各部门之间灾害应急响应联动，提高灾害防御能力。

（3）要组织完善气象灾害应急预案。近几年气象灾害偏重发生的事实警示我们，新疆的灾害防御仍然十分薄弱，经济社会快速发展面对气象灾害较为脆弱。区地县各级政府要完善影响当地重大气象灾害应急预案，组织应急演练；要使气象灾害科普宣传进学校、进乡村；要进一步提高对气象灾害的监测预报预警能力。

山东省旱情将持续发展,应及早采取应对措施

顾伟宗　吴炜　孟祥新

(山东省气象局　2015年11月1日)

摘要:2014年以来,山东降水持续偏少。预计2015年冬季到2016年夏季山东省降水仍偏少1～2成,未来降水持续偏少的可能性大,旱情将持续发展,应及早采取应对措施。

一、当前干旱形势分析

(一)2014年以来山东省降水持续偏少

2014年全省平均降水量525.1毫米,较常年偏少18.2%,2015年以来(截至10月31日)累计降水500.9毫米,较常年同期偏少18.4%。尤其是占全年降水量6成的汛期(6—8月)降水明显偏少,2014年、2015年汛期降水分别偏少34.4%、19.8%,是1961年以来第5位少值和第9位少值。

2015年1月1日—10月31日,全省17地市除东营、滨州和德州降水略偏多外,其余地市均偏少(图2-34),其中青岛、潍坊、莱芜偏少3～4成(表2-4)。

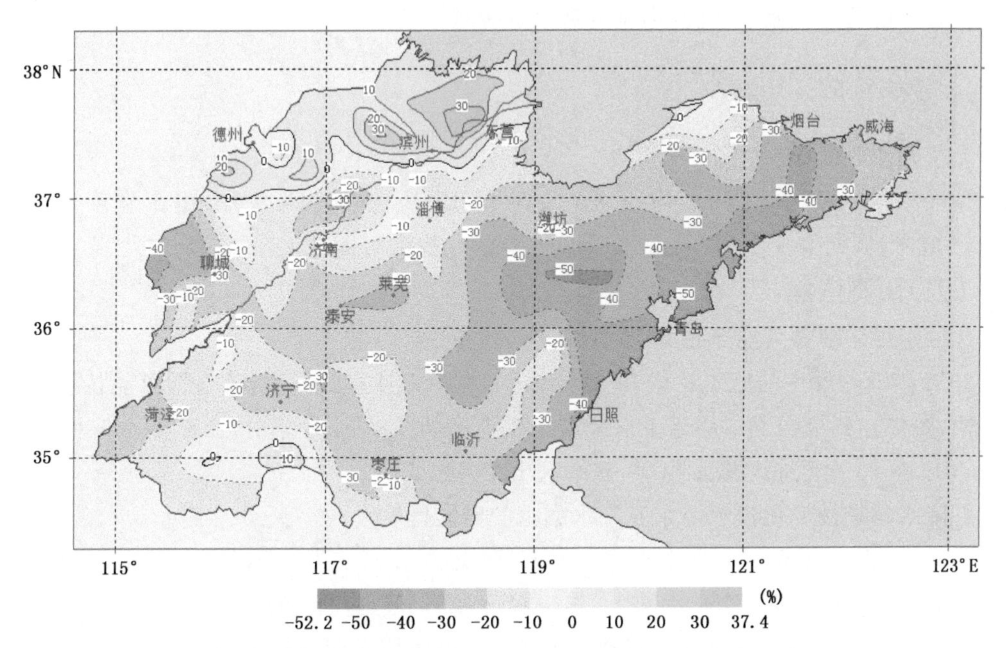

图2-34　2015年1月1日—10月31日降水距平百分率分布图

(黄橙色代表偏少,蓝色代表偏多)

表 2-4　2015 年 1—10 月 17 地市降水量及降水距平百分率

地市	降水量（毫米）	距平百分率（%）	地市	降水量（毫米）	距平百分率（%）
青岛市	376.4	−40.2	枣庄市	601.0	−20.2
潍坊市	367.5	−35.8	济宁市	542.9	−16.0
莱芜市	446.3	−33.5	淄博市	512.6	−15.0
烟台市	433.4	−26.1	济南市	522.1	−13.3
威海市	506.2	−25.8	菏泽市	539.4	−13.1
临沂市	573.9	−24.9	德州市	517.1	0.1
日照市	545.5	−24.5	滨州市	589.4	10.6
泰安市	496.6	−22.6	东营市	588.9	14.2
聊城市	404.6	−22.6			

（二）工程蓄水明显偏少

据水利部门监测，截至 10 月 26 日，山东各类水利工程蓄水总量仅 48.97 亿立方米，较历年同期少蓄 40%，其中大中型水库、南四湖、东平湖蓄水量 27.14 亿立方米，是近十五年来同期蓄水量倒数第二位。旱情持续发展，已造成 639 万亩农作物受旱，13.9 万人出现临时性饮水困难。

（三）黄河流域降水异常偏少

2015 年夏季黄河流域降水明显偏少，大部分地区偏少 2～5 成，部分地区偏少 5～8 成，导致黄河来水量较常年偏小，进入山东的客水资源减少。

二、降水趋势预测及依据

（一）预测结论

预计 2015 年冬季至 2016 年夏季（2015 年 12 月—2016 年 8 月）山东省降水较常年（529.6 毫米）同期偏少 1～2 成，且未来降水持续偏少的可能性大。

（二）预测依据

1. 厄尔尼诺事件可能导致 2016 年山东降水偏少

2014 年 5 月发生的厄尔尼诺，将继续维持并在 11 月达到峰值，该事件可能持续到 2016 年春季，整体达到极强厄尔尼诺事件标准。据统计，厄尔尼诺发生时，山东降水偏少概率大，1951 年以来 13 次厄尔尼诺发生时，有 9 次山东降水偏少。

2. 降水周期性变化预示山东省降水偏少的可能性较大

1961 年以来，山东省年降水量先后经历了“多一少一多”三个时期。其中，2003—2013 年为山东省降水偏多期（11 年中有 10 年降水偏多）。但是，自 2014 年山东省年降水量开始偏少，从其演变周期推断，未来山东省有可能进入降水偏少期（图 2-35）。

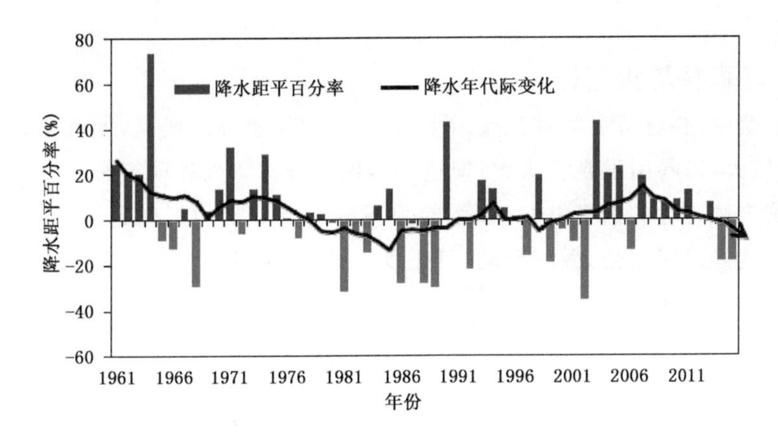

图 2-35　1961—2015 年山东年降水距平百分率变化图

3. 气候变率强信号 PDO 预示山东省降水可能进入偏少期

PDO(太平洋年代际振荡)是影响山东省降水长期变化的强信号，当 PDO 指数为负时，山东降水偏多；当 PDO 指数为正时，山东降水偏少。2013 年年底开始 PDO 指数逐渐由负转为正(图 2-36)，并可能进入长期正值的状态，预示未来几年山东省降水可能持续偏少。

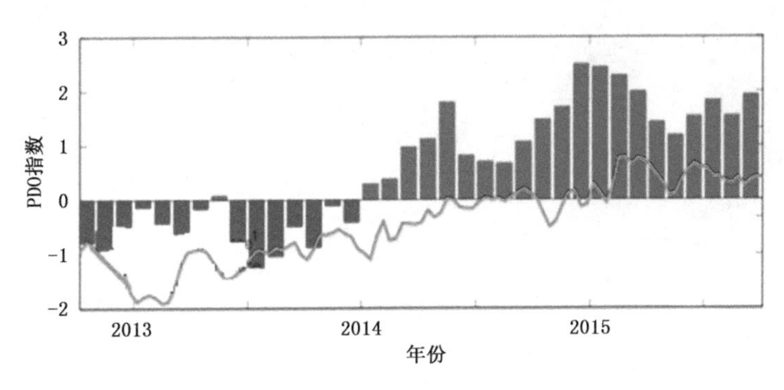

图 2-36　2012 年 10 月—2015 年 10 月 PDO 指数逐月变化图

三、对策建议

(一)树立长期抗旱的思想意识

山东省人均水资源占有量远低于全国平均水平，前期 10 年的降水偏多并未从根本上改变山东省水资源短缺的局面，且未来山东省降水由偏多期转入偏少期的可能性较大，抗旱形势十分严峻。要克服麻痹思想，树立长期抗旱的思想意识，早谋划、早准备，采取有力措施减轻干旱影响。

(二)科学调度使用水资源

加强客水利用和空中水资源开发，优先利用黄河、南水北调等客水资源，实施引水灌溉补源，积极开展人工增雨(雪)作业；加强雨洪资源的科学利用，充分利用各类水利工程调蓄淡水资源。同时，应进一步强化全民节水意识和工、农业用水的科学管理，最大限度节约水资源。

(三)做好森林防火工作

由于降水偏少,森林可燃物蓄积量增多,森林火险气象等级较高,尤其冬、春季冷空气活动频繁,风力较大,极易引发森林火灾,应进一步做好森林防火各项工作。

鉴于影响气候变化的因素复杂,气候趋势预测仍有一定的不确定性。山东省气象局将密切关注天气气候发展变化,做好滚动、订正预测服务等工作。

厄尔尼诺事件将持续到明年(2016)春季，对今冬明春云南省天气气候可能有明显影响

王学锋[1] 晏红明[1] 韦霞[4] 杨智[4] 黄玮[1] 刘瑜[1]
张明达[1] 张万诚[2] 赵宁坤[3]
(1.云南省气候中心;2.云南省气象科学研究所;3.云南省气象台;
4.云南省气象局应急与减灾处 2015年11月12日)

摘要:本次厄尔尼诺事件从2014年5月形成以来持续发展,于2015年10月达极强标准。预计未来厄尔尼诺将继续增强,并在2015年11月或12月达到峰值,然后强度减弱,但仍将持续到2016年春季。预计本次厄尔尼诺事件对云南省2015年冬2016年春天气气候的可能影响包括:2015年冬季气温波动大,2016年春季降水偏少,大部地区雨季开始期偏晚。建议防范阶段性低温,关注春季和初夏干旱,加强城乡及森林防火工作。

一、厄尔尼诺事件强度已达到极强标准

厄尔尼诺事件是指赤道中东太平洋海水表面温度距平指数持续≥0.5℃并持续6个月或以上的异常偏暖现象,其对全球气候会产生重大影响,导致很多地区天气气候异常。本次厄尔尼诺事件形成于2014年5月,截至2015年10月底,已经持续18个月,累计海温距平达到18.4℃,已达极强厄尔尼诺事件标准。预计未来厄尔尼诺将继续增强,在2015年11月或12月达到峰值,随后强度减弱,但仍会持续到2016年春季。

二、厄尔尼诺事件对云南省今冬明春天气气候的可能影响

根据国家气候中心和云南省气象部门对厄尔尼诺事件的研究,厄尔尼诺事件的持续和发展,可能对云南省后期天气气候产生以下影响:

(一)2015年冬季气温波动大

预计2015年12月—2016年2月全省大部气温正常至偏高,其中中部和西北部地区偏高1.0℃以上,但12月下旬至1月下旬滇中以北及以东的部分地区冷空气活动频繁,出现阶段性低温的概率大;冬季云南省大部地区降水正常,但北部边缘地区偏少10%以上,西南部地区偏多10%以上。

(二)2016年春季降水偏少

预计2016年3—5月云南省除南部、西部和东部的边缘地区降水接近正常外,其余大部地区降水偏少,其中滇中地区偏少幅度在20%以上;春季云南省大部地区气温为略高至偏

高，其中中部和西北部地区偏高1.0℃以上，2月下旬至4月上旬滇东北及北部高海拔地区有一般性的倒春寒天气出现。

（三）2016年雨季开始期偏晚

预计云南省大部地区2016年雨季将于5月中旬及以后相继开始，大部地区6月以后才进入雨季，与常年相比偏晚的可能性大。

三、关注重点和建议

（一）防范阶段性低温

2015年12月下旬至2016年1月下旬，滇中以北及以东地区出现阶段性低温天气的概率较大，对农业生产、交通运输和人民生活等造成影响，应及早采取措施，做好防寒防冻工作。

（二）关注春季和初夏干旱

2016年春季云南省大部地区降水偏少，雨季开始期偏晚，发生春旱和初夏旱的可能性较大，特别是滇中及以西以北地区。需及早规划并合理安排工农业生产及生活用水，同时还应抓住有利时机实施人工增雨作业，改善土壤墒情和增加空气湿度，降低森林火险等级。

（三）加强城乡及森林防火

冬春季节云南省自然降水稀少，蒸发量大，风高物燥，地表及森林植被含水率降低，加之2016年春季降水偏少，气温偏高，将导致森林火险气象等级持续升高，应予以高度重视，加强防范。

11 月以来江西省降水异常偏多，2016 年元月降水仍将偏多，需加强防范不利影响

赵冠男　胡菊芳　张超美　尹洁　郭瑞鸽
（江西省气象局　2015 年 12 月 31 日）

摘要：11 月以来，江西省天气气候异常，降水量异常偏多，创 1961 年以来同期新高；日照时数异常偏少，创历史同期新低。持续阴雨寡照天气影响了二晚收获与晾晒，对柑橘的采摘储运和在田作物生长也产生了不利影响。

预计 2016 年元月，江西省降水略偏多，平均气温略偏高，发生大范围、持续性低温冰冻天气的可能性较小，出现阶段性雨雪冰冻的可能性较大，有三次冷空气过程，分别是 7—9 日、12—15 日、20—23 日。需加强防范多雨天气对农业和春运的不利影响。

一、11 月以来全省天气气候特点

11 月以来（11 月 1 日—12 月 30 日），江西省以阴雨寡照天气为主，降水量异常偏多，气温偏高，日照时数异常偏少。主要特征如下：

（一）降水异常偏多，暴雨天气频繁

降雨量创历史新高。11 月以来，江西省平均降水量 358.6 毫米，较常年同期偏多 2 倍以上，创 1961 年以来同期新高（图 2-37）。

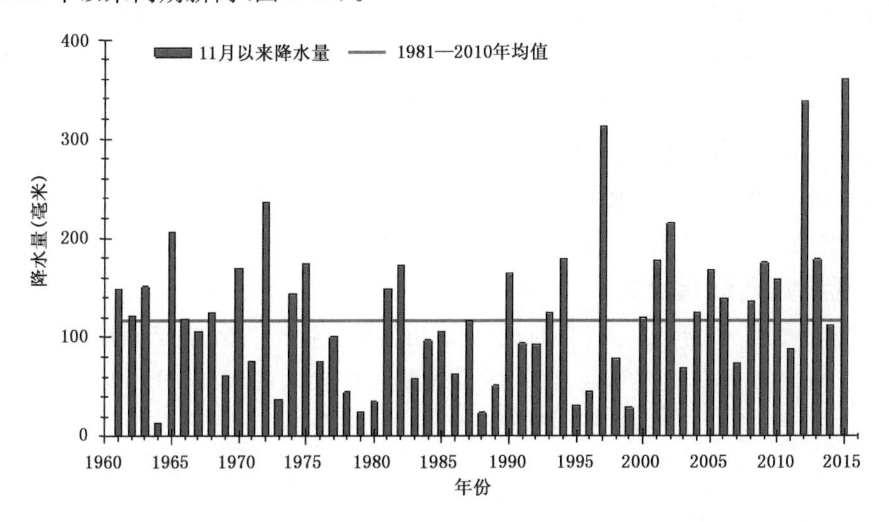

图 2-37　2015 年 11 月 1 日—12 月 30 日江西省降水量逐年变化图

阴雨日数破历史纪录。11月以来，江西省阴雨日数平均达44.9天，破历史同期最高纪录，其中赣北南部和赣中西部阴雨日数多达50天以上(图2-38a)。与常年同期相比，江西省大部地区偏多15天以上，其中，赣中西部、赣南北部偏多22～25天(图2-38b)。

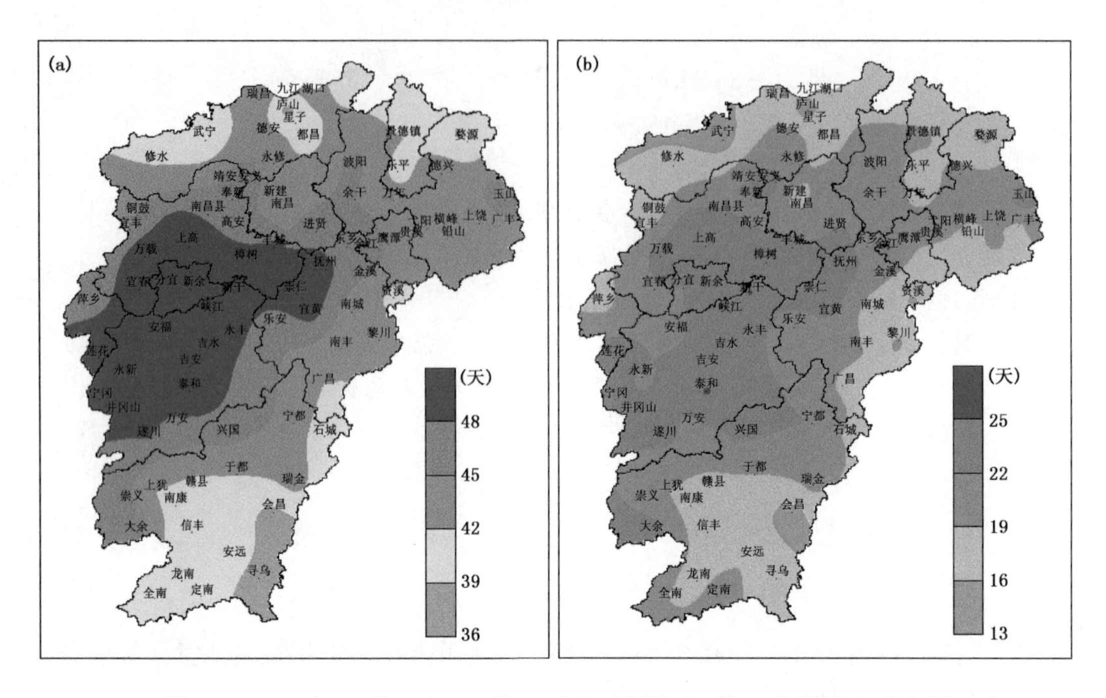

图2-38　2015年11月1日—12月30日江西省阴雨日数(a)及距平(b)分布图

暴雨过程多，降水强度大。11月以来，江西省共出现6次暴雨过程(11月8日、11—13日、15日晚至17日，12月5日、9日及22—23日)，有50%以上的县市、89站次出现暴雨天气，仅次于1997年同期(102站次)，为历年秋冬季所罕见。有14个县市日雨量创历史同期新高，其中寻乌、定南和永新突破冬季日雨量极大值。1小时雨强67.5毫米，24小时雨强194.5毫米，雨强之大也为同期罕见。

(二)日照时数创历史同期新低

11月以来，江西省平均日照时数94.5小时，比常年同期偏少6成以上，创历史同期新低(图2-39)。全省平均无日照日数36.2天，位列历史同期第一。

(三)气温偏高但起伏大

11月以来，江西省(庐山、井冈山除外)平均气温11.8℃，较常年同期偏高0.8℃，为1961年以来同期第9高位。气温起伏大，出现了三次较大的起伏，分别是11月7—8日、24—27日和12月15—17日，日平均气温起伏达8℃左右。

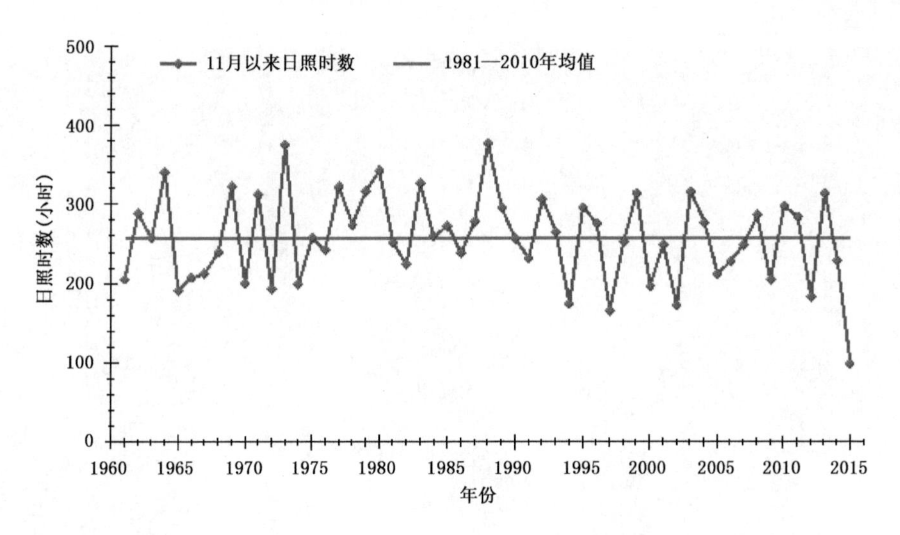

图 2-39　2015 年 11 月 1 日—12 月 30 日江西省日照时数逐年变化图

二、异常天气气候影响分析

(一)对水资源和江河湖库水位的影响

有利于增加水资源,但部分地区出现罕见冬汛。11 月以来,江西省平均降水量为 358.6 毫米,折合水资源量约 598.51 亿立方米,与历史同期相比,属于异常丰水年份(图 2-40)。卫星遥感监测显示,2015 年 12 月 16 日鄱阳湖主体及附近水域面积为 2201 平方千米,较历史同期(1490 平方千米)偏大 711 平方千米(图 2-41)。

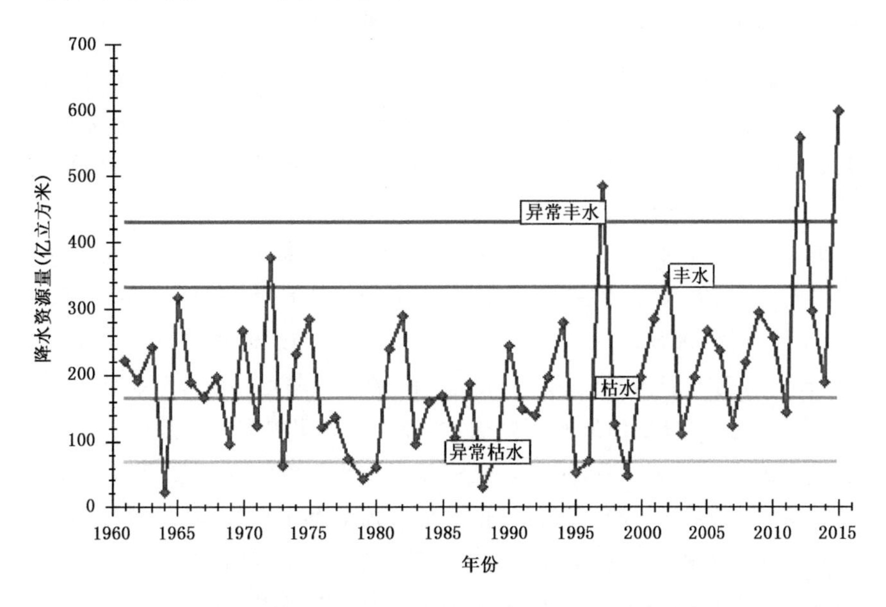

图 2-40　历年 11 月 1 日—12 月 30 日降水资源量变化图

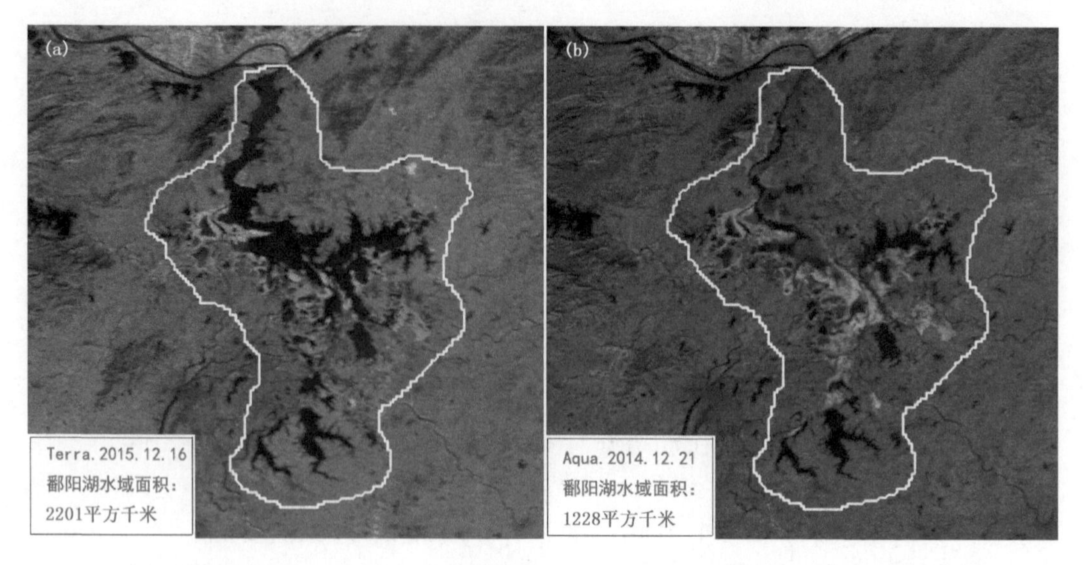

图 2-41　2015 年 12 月(a)与 2014 年同期(b)鄱阳湖水域面积卫星遥感监测对比图

由于 11 月以来降水异常偏多，特别是 11 月中旬受连续强降雨天气影响，赣江、抚河、鄱阳湖水位也大幅上涨，赣江、抚河干支流局部水文站点还出现了短时超警戒水位，出现秋汛。持续降水还造成 12 月 23 日江西省有 6 个水库水位超汛限，出现罕见冬汛。

(二)对农业的影响

11 月正值江西省秋收秋种关键时期，持续阴雨寡照天气对农业生产产生了明显的影响，主要体现在：

一是影响二晚收获与晾晒，造成晚稻品质与产量下降。由于夏季(主要是 7,8 月)全省气温偏低，导致晚稻生长进程较常年偏迟 5 天左右。11 月以来的持续阴雨天气使土壤湿度持续偏高，水田排水困难，“烂泥”和植株倒伏现象较为普遍，收割机作业难度加大，来不及收割的稻谷由于长时间浸水，出现倒伏、落粒和霉烂现象，影响产量和品质。此外，抢收的稻谷受阴雨天气影响无法正常晾晒，影响了稻谷品质。

二是影响柑橘的采摘和储运，烂果现象明显增多。持续阴雨天气导致采摘困难，脐橙、柚子及其他柑橘烂果、落果和病害加重，加之果实仓储积压多、外运困难，导致果品销售缓慢，价格下跌明显；同时，摘后由于果品水分多不耐储藏，储运过程中也易出现烂果现象。据省经济作物局调查，南丰蜜橘、新余蜜橘等宽皮柑桔烂果率达 30%，尤其是 11 月 16—17 日南丰县连降暴雨，造成部分低洼地柑橘树被水浸泡，加重了灾害损失。

三是造成水田直播油菜播种期推迟，长势差。由于二晚收获偏晚，导致水田直播油菜播种期普遍推迟，加上阴雨寡照和土壤持续偏湿使直播油菜出现“明涝暗渍”现象，造成油菜幼苗根系乃至叶片长时间被“浸泡”而出现黄叶、死苗现象。据农业部门 12 月 15 日农情调度统计，油菜一、二类苗比例为 73.1%左右，总体比 2014 年同期略差。

四是影响大棚蔬菜生长，病害多发。持续阴雨寡照天气降低了蔬菜的光合作用，易造成植株萎蔫、叶片变黄和抵抗力下降；同时，大棚内空气湿度大，灰霉病、疫病、霜霉病、蔓枯病、流胶等病害较易发生，对大棚蔬菜生长不利。

三、未来天气气候趋势预测

(一)元月上旬天气预报

旬雨量北部略偏多，南部偏少。预计元月上旬，赣北和赣中北部旬雨量为 20～40 毫米，局部超过 50 毫米；赣中南部和赣南为 5～15 毫米。主要降雨过程将出现在 5 日、7—8 日。与常年同期相比，赣北和赣中北部旬雨量偏多，赣中南部和赣南偏少。旬降雨日数 2～5 天。

前期气温逐渐回升，后期有明显大风降温。旬平均气温赣北赣中 6～8℃，赣南 10～13℃。与常年同期相比，北部正常略偏高，南部偏高。其中，7—9 日受较强冷空气南下影响，全省气温明显下降。

(二)元月中、下旬天气气候趋势预测

目前，自 2014 年 5 月开始的厄尔尼诺事件正在发展，虽然其强度比史上最强的 1997/1998 年厄尔尼诺事件偏弱，但持续时间已经超过后者。从 20 世纪 80 年代以来发生的 10 次厄尔尼诺事件年来看，其次年江西省降水一般偏多。预计：

2016 年元月中下旬，全省降水略偏多，平均气温略偏高，发生大范围、持续性低温冰冻天气的可能性较小，出现阶段性雨雪冰冻的可能性较大。极端最低气温赣北、赣中可达－6～－4℃，山区可达－8～－6℃；南部可达－3～－1℃。

全省平均气温略偏高。预计 2016 年 1 月 11—31 日，全省平均气温 6.0～7.0℃，较常年同期偏高 0～1℃。其中赣北平均气温为 5.5～6.5℃，赣中为 6.0～7.0℃，赣南为 8.0～9.0 ℃。

全省平均雨量偏多。预计 2016 年 1 月 11—31 日，全省平均降雨量 60～80 毫米，较常年同期偏多 0～2 成。其中赣北、赣中平均雨量为 60～80 毫米，偏多 0～2 成；赣南为 50～70 毫米，偏多 2～5 成。

有两次冷空气过程。预计 2016 年 1 月 11—31 日，影响江西省的冷空气过程有 2 次，可能出现在 12—15 日、20—23 日。

四、关注与建议

11 月以来江西省降水异常偏多，未来 1 个月降水仍将偏多，需加强防范不利影响。

(1)加强防御农业不利影响。要抓住降水间歇及时采摘已成熟的柑橘，并做好储运工作。做好油菜培土壅蔸和清沟理墒，苗情较差的直播油菜需做好补苗和追肥，提高苗情质量。同时注意做好不耐寒花卉苗木及幼禽幼畜等的防寒保温。

(2)做好春运保障准备。春运将至，需加强交通运输和安全管理，防范降雨、大雾等天气的不利影响。

(3)防范对工程建设不利影响。11 月以来的阴雨天气对冬季农田水利建设、城市建设等带来不利影响，未来一段时期降雨仍偏多，需密切关注天气变化，抢晴加快推进工程建设。

在“四川省主汛期防汛工作电视电话会”上的汇报材料

王明田[1]　彭广[2]

（1.四川省决策气象服务中心；2.四川省气象局　2015年6月29日）

摘要：6月以来，四川省降水特征为：一是总降水量北部偏多南部偏少；二是多数地区雨日多；三是6月下旬盆地中北部强降水天气点多、面广、持续时间长、影响较大。预计7月四川省降雨总量继续维持北多南少的趋势，巴中、达州、南充、广安降水量将较常年同期偏多2～4成；中下旬开始，自贡、宜宾、泸州和攀西地区有一般性伏旱、局部偏重，盆地中东部将有阶段性高温天气。各部门需及时关注天气情况，提前做好防范措施。

下面我就6月以来的降雨特征、近期暴雨过程和7月份的天气趋势向大家做一简要汇报：

一、6月以来的降雨特征

6月以来，四川省天气气候特征主要表现为以下三点：一是总降水量北部偏多，南部偏少。其中，川西高原北部、盆地东部、北部普遍偏多1～9成，川西高原南部、盆地西部、南部和攀西地区普遍偏少1～6成。二是全省多数地区雨日多。截至28日，除攀西地区和甘孜州西南部外，全省多数地区雨日在15天以上，其中阿坝州普遍在20天以上。三是6月下旬盆地中北部强降水天气点多、面广，持续时间长，影响较大。其中，6月22—25日盆地北部、中部及凉山州北部出现2015年首次区域性暴雨天气过程，其中巴中、达州的大部，南充、遂宁、内江、资阳、凉山州的北部及绵阳东南部雨量超过100毫米，最大雨量出现在通江县长胜乡，为355.7毫米；26—27日，广元、绵阳、资阳、阿坝等地降了暴雨。

二、近期(6月28—30日)暴雨过程分析预报

6月28日凌晨开始，以盆地西北部为起点，四川省再次出现强降雨天气，截至6月29日08时，广元大部、阿坝州中部、绵阳和德阳的东南部，以及巴中、遂宁、南充和资阳的西北部降了大到暴雨，其中广元有104各站点累计雨量超过100毫米，最大雨量出现在剑阁县，为250.4毫米。

目前，本次降雨过程还在持续之中，预计6月29日白天到30日，暴雨主要落区为广元、巴中、达州、广安、南充、遂宁、资阳、内江、自贡、泸州、宜宾、乐山、雅安13市，川东北24小时最大雨量可达120～180 mm，局部地方小时最大雨强将达到30～80 mm。

三、7月气候趋势预测

预计7月全省降雨量总趋势继续是北多南少，其中巴中、达州、南充、广安较常年同期偏多2～4成，广元、绵阳、德阳、成都和阿坝州较常年偏多1～2成；其余12个市州降雨量较常年同期略偏少。盆地东北部、盆地西部有中等强度洪涝发生，地震灾区（汶川、芦山）有强降雨集中时段，易发山洪地质灾害。中下旬开始，自贡、宜宾、泸州和攀西地区有一般性伏旱发生，局部地区将偏重，盆地中东部将有阶段性高温天气。

预计7月有4次明显降雨天气过程，其中：3—5日，盆地北部有小到中雨，川西高原有中到大雨；13—15日，全省大部有小到中雨，局部暴雨；19—21日，川西高原北部、盆地西部有中雨；27—29日，盆地北部有暴雨，川西高原北部有大雨。

四、重点关注

(1)从降雨特征判断，当前已开始进入2015年防汛的关键期，暴雨过程密集出现，降雨量值和强度都比较大，再加上前期频繁降雨使土壤水分已经饱和，所以要特别关注强降雨诱发的山洪、地质灾害、江河洪水、城镇内涝、农田湿涝等灾害，及其对交通运输、旅游、建设工地、矿山等行业带来的影响。

(2)关注盆地南部于7月中下旬开始的伏旱和阶段性高温天气，做好相应的抗旱、防暑降温和森林防火工作。

各位领导，2015年是厄尔尼诺持续和发展强盛的年份，与其对应，四川省的天气往往表现出极端且复杂多变的特征。各级气象部门将一如既往，加强灾害性天气的监测预警，密切跟踪天气变化，及时发布预警信息，加强与相关部门的联动，为四川省顺利度汛做出贡献。

盆地伏旱呈快速发展态势

王明田　郭善云　蔡元刚　陈东东　康岚　肖递祥　李金建
邢开瑜　王春学　王劲廷
（四川省决策气象服务中心　2015年8月5日）

摘要：受持续性异常晴热少雨天气影响，近期四川省多数地区土壤墒情快速下降，出现不同程度的农业干旱，旱区主要分布在盆中丘区、盆地西北部和东北部部分区域，丘区坡台旱地作物和部分望天田受灾明显，局地严重。据最新气象资料分析，多数旱区，尤其是重旱区短期内无区域性强降水天气过程，在高温晴热天气的共同作用下，遂宁、南充、广安等盆地中东部的伏旱将进一步发展，自贡、宜宾、泸州等川南地区将有成片伏旱区发生，局部地区偏重。建议：进一步提高对当前伏旱及其发展趋势的认识；进一步加强高温干旱的监测预测及评估工作；研究部署，狠抓各项抗旱减灾措施的落实；继续做好高温监测预测及防灾减灾。

一、伏旱演变及其诱因

（一）气象干旱

气象干旱综合指数(CI)时空变化显示：①截至7月15日，全省农区只有盆地西部、川南部分区域和攀枝花出现轻旱，无中旱以上站点(图2-42a)。②7月25日，旱区范围明显扩大，新增盆地东北部和中部部分区域，其中成都、德阳、绵阳、达州、巴中、南充、宜宾及凉山出现中旱以上区域，成都西北部和东南部出现重旱站点(图2-42b)。③8月1日，旱区发展到盆地内多数区域，中旱以上站点显著增加，成都、德阳、绵阳、南充和达州出现重旱区域(图2-42c)。④8月3日，干旱强度迅速发展，盆地西北部、中部、东北部和宜宾大部发展成中旱以上，其中资阳西北部、成都东部、德阳大部、绵阳东南部、南充中部等区域为重旱(图2-42d)。

（二）土壤干旱

(1)土壤墒情自动监测系统显示：截至8月5日08时，盆中、盆西较大范围农区10厘米浅层土壤相对湿度处于重旱状态(图2-43)，南充东北部、广元南部、绵阳东南部、德阳东南部、遂宁西部、资阳西北部和东南部、成都东部、眉山北部20厘米耕层土壤相对湿度处于重旱状态(图2-44)。

(2)多站单层土壤水分曲线(图2-45)显示：大英蓬莱浅层(10厘米)土壤在7月初就已经处于偏干状态，7月8日进入重旱；三台永宁7月16日前土壤墒情适宜，但持续性晴热天气导致土壤墒情快速下降，7月18日达重旱；仪陇土门7月7日之前，浅层土壤水分处于饱和状态，但高温晴热天气使土壤墒情急剧下降，7月12日达重旱，尽管15日有所恢复，但16

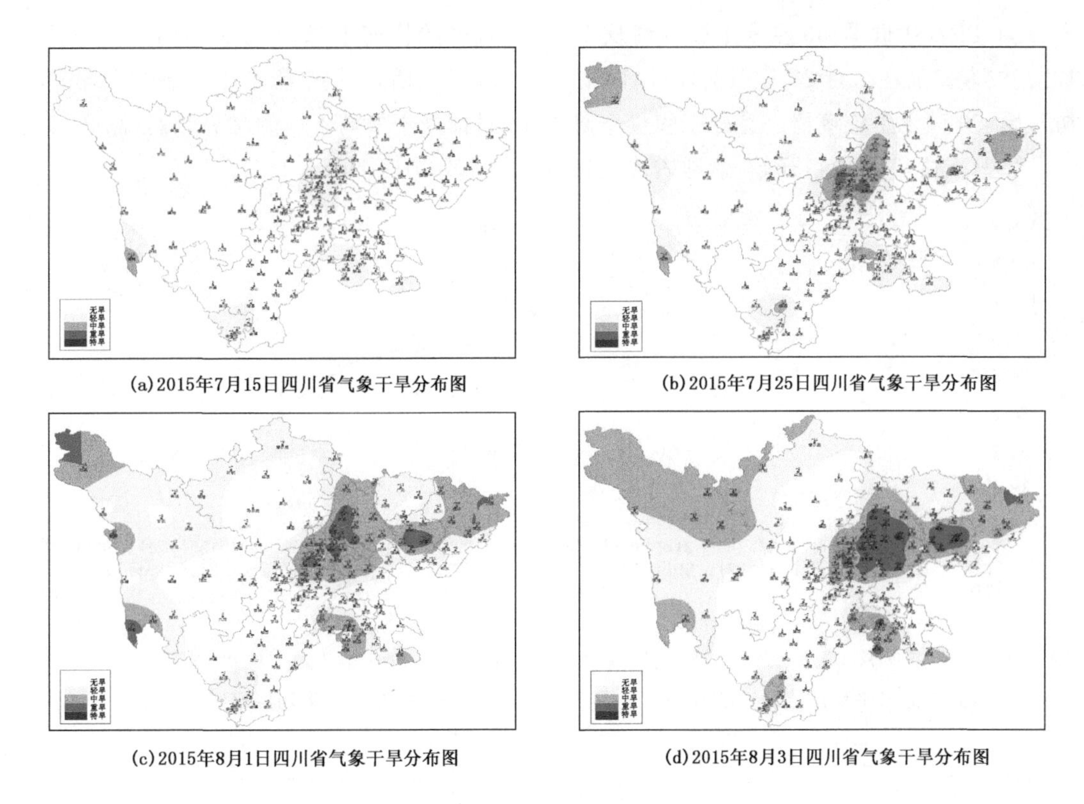

(a)2015年7月15日四川省气象干旱分布图

(b)2015年7月25日四川省气象干旱分布图

(c)2015年8月1日四川省气象干旱分布图

(d)2015年8月3日四川省气象干旱分布图

图 2-42 气象干旱时空演变

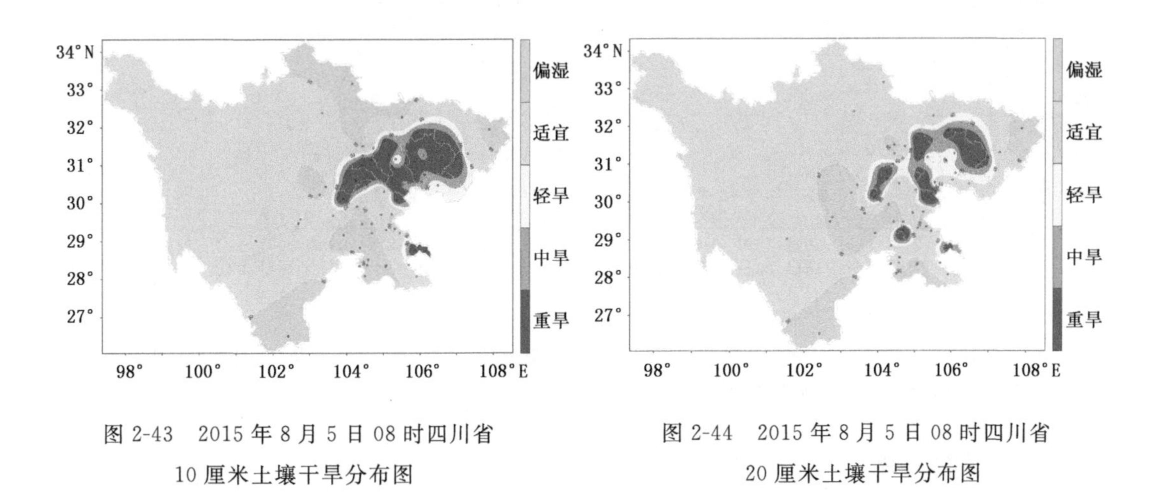

图 2-43 2015 年 8 月 5 日 08 时四川省 10 厘米土壤干旱分布图

图 2-44 2015 年 8 月 5 日 08 时四川省 20 厘米土壤干旱分布图

日重新下降到重旱状态；仁寿富加在 7 月 23 日以前三晴两雨，7 月 26 日之前土壤墒情一直较好。30 厘米土壤水分曲线（图 2-46）显示：大英蓬莱 7 月 23 日进入重旱；三台永宁 7 月 19 日达重旱；仪陇土门 7 月 9 日之前处于饱和状态，7 月 18 日达重旱；仁寿富加 7 月 28 日之前墒情一直较好，近日刚现旱象。

（3）单站多层土壤水分曲线显示：仪陇土门 0～20 厘米土壤墒情从 7 月 7 日开始急剧下

降，7 月 12 日达重旱；50 厘米土壤墒情从 7 月 13 日开始快速下降，7 月 23 日达重旱（图 2-47）。仁寿富加在 7 月 23 日以前，三晴两雨，7 月 28 日之前，0～20 厘米土壤基本无旱；7 月初开始，50 厘米土壤墒情一直处于缓慢下降之中，目前处于旱与不旱的临界状态（图 2-48）。

综上所述，7 月中旬开始，盆地内多数区域土壤水分快速下降。

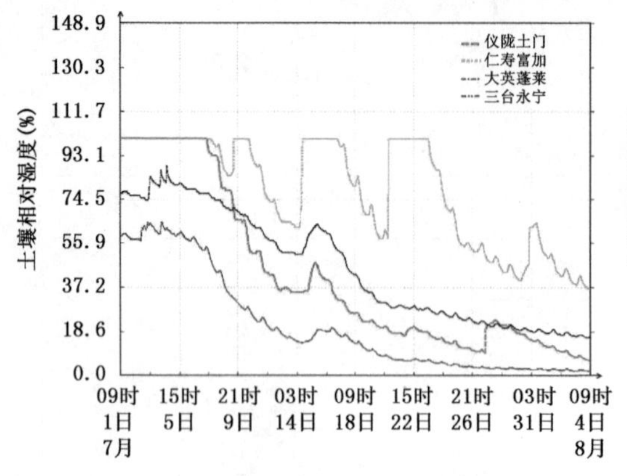

图 2-45　2015 年 7 月 1 日 09 时—8 月 4 日 09 时多站 10 厘米平均层逐时土壤水分曲线图

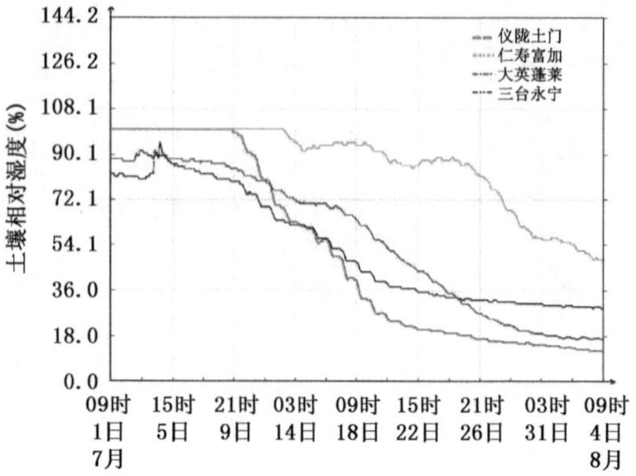

图 2-46　2015 年 7 月 1 日 09 时—8 月 4 日 09 时多站 30 厘米平均层逐时土壤水分曲线图

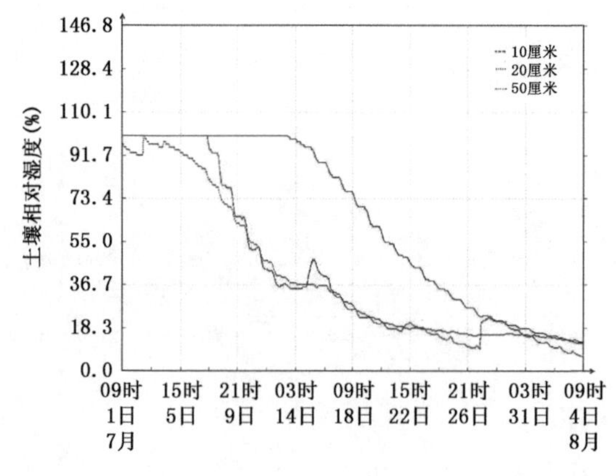

图 2-47　2015 年 7 月 1 日 09 时—8 月 4 日 09 时仪陇土门多层逐时土壤水分曲线图

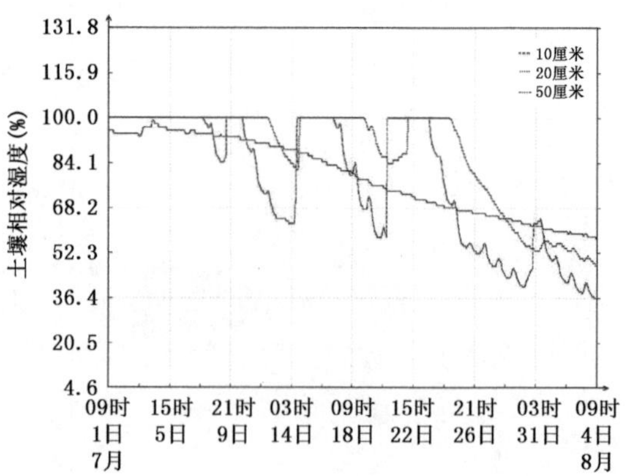

图 2-48　2015 年 7 月 1 日 09 时—8 月 4 日 09 时仁寿富加多层逐时土壤水分曲线图

（三）作物干旱

据省、市农业气象业务人员实地调查，目前干旱已在四川省盆地内多数农区发生，其中资阳西北部、成都东部、德阳和绵阳东南部、广元南部、南充大部、遂宁西北部、巴中中北部较为普遍，且干旱程度较重。

干旱导致塘库水位下降（图 2-49）；夏玉米抽雄、吐丝、授粉及灌浆困难，水肥条件较差的坡台旱地作物受影响更为严重（图 2-50，图 2-51）；望天田脱水干裂，营养生长不良，抽穗扬花及灌浆受阻（图 2-52，图 2-56）；黄豆、花生、红薯营养生长不良，植株瘦小，灌浆受阻等

(图 2-57,图 2-58)。

图 2-49　安县白水湖水位下降

图 2-50　盐亭建河受旱夏玉米

图 2-51　三台受旱玉米

图 2-52　盐亭柏梓受旱水稻

图 2-53　巴州区稻田脱水

图 2-54　剑阁望天田脱水

(四)干旱诱因简析

一是 7 月以来,全省多数区域雨日雨量显著偏少。

7 月全省平均降水量 117 毫米,较多年平均值偏少 42%,位列历史同期第 1 少位。其中,盆地北部和川西高原北部降水量多在 100 毫米以下,巴中、达州、南充、绵阳、德阳、成都 6

市部分区域降水量不足 50 毫米，南江 23.7 毫米，全省最少。与常年同期相比，盆东北、盆西北及盆中大部偏少 5～9 成；全省有 40 站降水量位列历史同期前 3 少位，主要分布在成都、德阳、绵阳、眉山、巴中、达州、南充和宜宾（图 2-59a，图 2-59b）。

图 2-55　营山稻田脱水

图 2-56　达县稻田脱水

图 2-57　盐亭建河受旱黄豆

图 2-58　盐亭建河受旱花生

图 2-59　2015 年 7 月 1—31 日四川省降水量(a)及其距平(b)分布图

二是 7 月中下旬盆地大部出现持续性高温天气，部分站点高温日数和高温强度突破历史极大值。

7 月盆地内 101 站出现高温天气(日最高气温≥35℃),高温站数为近 10 年第 2 多,高温天气多出现于 7 月中下旬。20 站高温日数在 10 天及以上,主要分布于盆东北和盆南。德阳、郫县、安县、彭州、芦山、宝兴 6 站高温日数列历史同期第 1 多位。金堂、新都、广汉、龙泉驿、郫县、芦山、彭州、名山、天全、都江堰、宝兴 11 站最高气温突破本站历史极大值(图 2-60)。

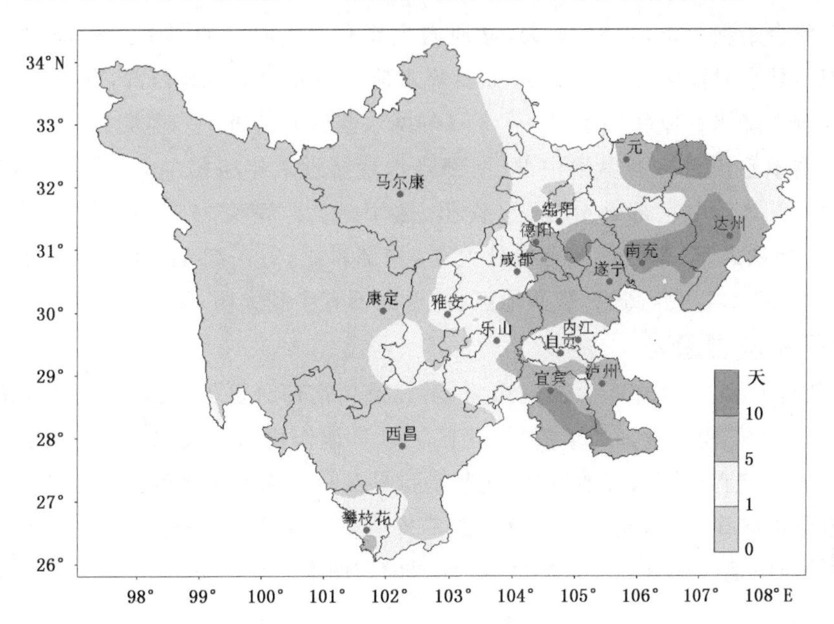

图 2-60　2015 年 7 月 1—31 日最高气温大于 35℃的高温日数分布图

三是全省平均日照时数偏多,盆西局部偏多 5～9 成。

7 月全省平均日照时数 191 小时,居历史同期第 8 多位。攀西地区大部、甘孜州东南部日照时数不足 150 小时,其余大部地区在 150～250 小时(图 2-61)。与常年同期相比,全省日照时数偏多 3 成。其中,攀西部分地区偏少 1～2 成,全省其余大部地区偏多 1～5 成,盆西局部偏多 5～9 成(图 2-62)。

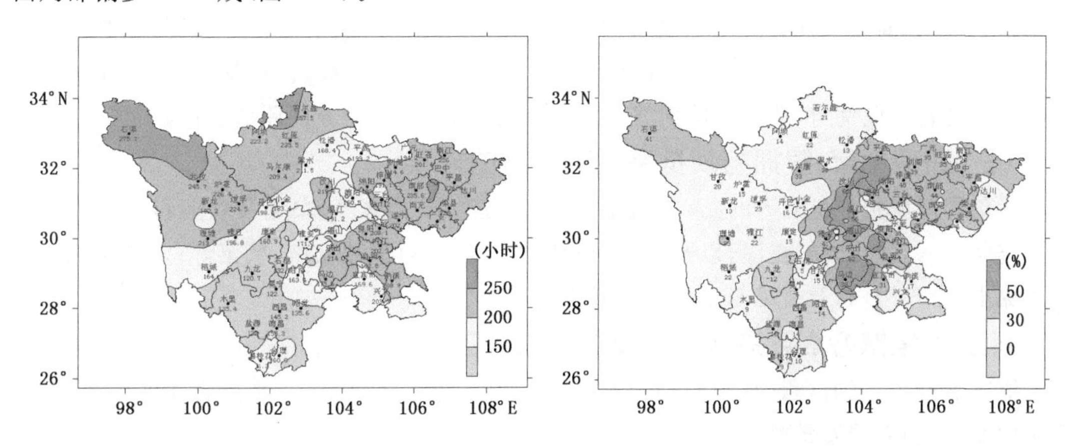

图 2-61　2015 年 7 月 1—31 日日照时数分布图　　图 2-62　2015 年 7 月 1—31 日四川省日照时数距平分布图

四是大春作物普遍处于生长旺盛期，植物蒸腾失水量大。

二、干旱发展趋势

（一）未来天气趋势

据省气象台最新分析，未来10天，盆地内主要有2次明显的降水过程，分别在8—9日和11—13日，其余时段多云。其中8—9日降水落区主要位于盆地西部，盆地中东部重旱区出现区域性较大降水的概率偏小；11—13日的降水落区有待进一步监测。

据省气候中心预测，8月盆地中部、南部降水量接近常年略偏少。8月上中旬盆地南部（自贡、宜宾、泸州）、中东部部分地区（资阳、遂宁、内江、南充、广安）有阶段性高温出现。15—17日，盆地西北部、攀西地区有中到大雨，局部暴雨；21—23日，川西高原有中到大雨，局部暴雨；29—31日，川西高原、攀西地区、盆地大部有中到大雨、局部暴雨。

（二）干旱发展趋势

目前，盆地中部、东北部和西部偏东区域，以及川南部分区域已经处于干旱或临界干旱状态，其中盆地中部较大范围处于重旱，丘区坡台旱地作物和望天田的水稻受到较大影响，而未来天气、气候趋势显示，多数旱区，尤其是重旱区短期内无区域性强降水天气过程，在高温晴热天气的共同作用下，预计遂宁、南充、广安等盆地中东部的伏旱将进一步发展，自贡、宜宾、泸州等川南地区将有成片伏旱发生，局部地方偏重。

三、对策建议

（一）进一步提高对当前伏旱及其发展趋势的认识

各级党政和农业、水利、气象、财政、科技、民政、林业等相关部门应对当前已经发生，并将进一步发展的干旱引起足够的重视，进而强化组织领导，做到防洪抗旱两手抓，两不误。

（二）进一步加强高温干旱的监测预测及动态评估

气象部门应进一步强化降水过程及其起止时间、落区、范围的监测、预测预报及动态评估，进一步强化高温天气的监测预报及评估，进一步强化土壤墒情的动态监测、预测及分析评估，加强气象干旱、农业干旱动态评估及其业务化技术研究，水利、农业、民政等相关部门都应发挥各自专业优势、业务职能优势，进一步加强旱情监测与分析评估工作。

（三）研究部署，狠抓各项抗旱减灾措施的落实

气象部门应抢抓机遇，加强人工增雨抗旱，人工增雨蓄水等；农业及农业科技部门强化抗旱技术投入，强化农机提灌，以及改种、补种，并及早策划扩种秋粮、秋菜等；水利部门强化蓄水保水，合理用水，及时维修干裂塘库堰渠等。

（四）继续做好高温监测预测及防灾减灾工作

继续做好高温的监测、预报、预警工作；做好人畜防暑降温工作，尤其要注意野外作业、高空作业安全；妥善安排电力调度等。

第三篇

生态环境保护与为农服务

2015年上半年全国大气污染扩散气象条件分析

张恒德[1] 王秀荣[1] 吕梦瑶[1] 花丛[1] 安林昌[1] 张兴赢[2] 闫欢欢[2]
陈峪[3] 朱蓉[3] 曾红玲[3] 赵琳[3]
(1.国家气象中心;2.国家卫星气象中心;3.国家气候中心 2015年7月14日)

摘要:根据气象资料分析表明,与2014年同期相比,2015年上半年全国平均风速偏大3%、小风日数偏少7%,但混合层高度偏低10%、静稳天气指数偏高9%。综合评估分析,大气污染物扩散气象条件总体偏差。但是,大气环境质量总体偏好。全国平均霾日数(14天)较2014年同期少4天,其中京津冀地区减少10天。根据气象和环保部门监测资料综合分析表明,2015年上半年全国$PM_{2.5}$平均浓度(58.1微克/立方米)比2014年上半年下降16%,PM_{10}平均浓度(102.8微克/立方米)下降13%,二氧化硫(SO_2)、二氧化氮(NO_2)含量分别下降19%和15%。但是,平均臭氧浓度增加46%,这表明光化学烟雾污染在加重。

一、2015年上半年全国大气污染物扩散气象条件比2014年同期总体偏差

从2015年上半年大气污染物扩散气象条件来看,偏好与偏差的因素均有。经数值模式综合评估表明,大气污染物扩散气象条件比去年同期总体偏差。

混合层高度偏低(偏差)。混合层高度越低,越不利于大气污染物扩散。2015年上半年,全国混合层高度平均为685米,比2014年同期降低10%。除京津冀地区变化不大外,京津冀周边地区、长三角、珠三角分别降低9%、14%和11%,其余地区降低4%~15%。

静稳天气指数偏高(偏差)。“静稳天气指数”是衡量大气污染物扩散气象条件好坏的综合性指数,数值越大,则大气污染物扩散气象条件越差、发生大气污染的可能性就越大。2015年上半年,全国静稳天气指数平均为10.1,比去年同期升高9%。其中,京津冀、长三角、珠三角地区分别升高1%、17%和5%,其余地区升高2%~21%。

平均风速偏大,小风日数偏少(偏好)。2015年上半年,全国平均风速2.1米/秒,较2014年同期增大3%。小风日数(风速≤2米/秒)103天,较2014年同期减少7%,其中,京津冀(85天)、珠三角(115天)分别比去年同期减少13%和8%,长三角(101天)比去年同期增多6%。

为定量评估大气污染物扩散气象条件的影响,在假定污染物排放源和排放强度相同的情况下,利用同一数值模式分别模拟了2015年上半年气象条件和2014年同期气象条件对大气污染物扩散的影响。结果表明,2015年上半年大气污染物浓度计算值比2014年同期偏高0.4%,

也就是说，与 2014 年同期相比，2015 年上半年大气污染物扩散气象条件总体偏差。

二、2015 年上半年全国平均大气环境质量比 2014 年同期偏好

根据气象资料以及气象部门和环保部门环境监测资料综合分析表明，2015 年上半年全国大气环境质量比 2014 年同期呈现好转趋势。

全国霾日数减少。2015 年上半年，全国共出现 5 次大范围、持续性霾天气过程，比去年同期少 1 次，霾过程主要集中在 1 月（4 次）和 2 月（1 次）。全国平均霾日数为 14 天，比 2014 年同期少 4 天。除东北地区较上年同期增加 6 天外，其他地区霾日数均减少，其中，京津冀、长三角、珠三角地区分别减少 10 天、8 天和 5 天。

$PM_{2.5}$ 和 PM_{10} 浓度下降。根据环保部门和气象部门观测数据综合分析，2015 年上半年，全国 $PM_{2.5}$ 平均浓度为 58.1 微克/立方米，比 2014 年同期下降 16%；PM_{10} 平均浓度为 102.8 微克/立方米，比 2014 年同期下降 13%。从区域分布来看，$PM_{2.5}$ 平均浓度京津冀、长三角、珠三角分别下降 23%、14% 和 20%，其余地区下降 9%～25%；PM_{10} 平均浓度下降 6%～20%。

大气二氧化硫（SO_2）、二氧化氮（NO_2）含量减少。气象卫星遥感监测显示，2015 年上半年，全国大气二氧化硫含量较去年同期减少 19%，其中京津冀减少 37%，长三角减少 8%，珠三角增加 5%，东北地区没有明显变化，其余地区减少 9%～32%（图 3-1）。全国大气二氧化氮含量减少 15%，其中，京津冀减少 18%、长三角减少 16%、珠三角减少 20%，其余地区减少 2%～25%（图 3-2）。

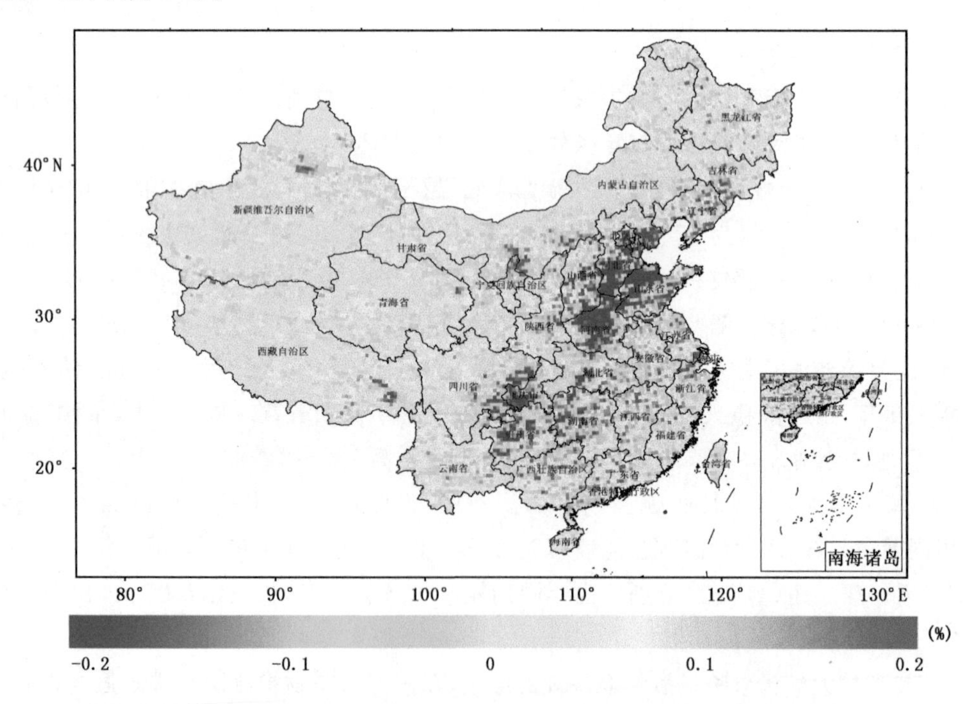

图 3-1　2015 年上半年全国大气二氧化硫含量较 2014 年同期变化图
（绿色和蓝色表示减少，黄色和红色表示增加）

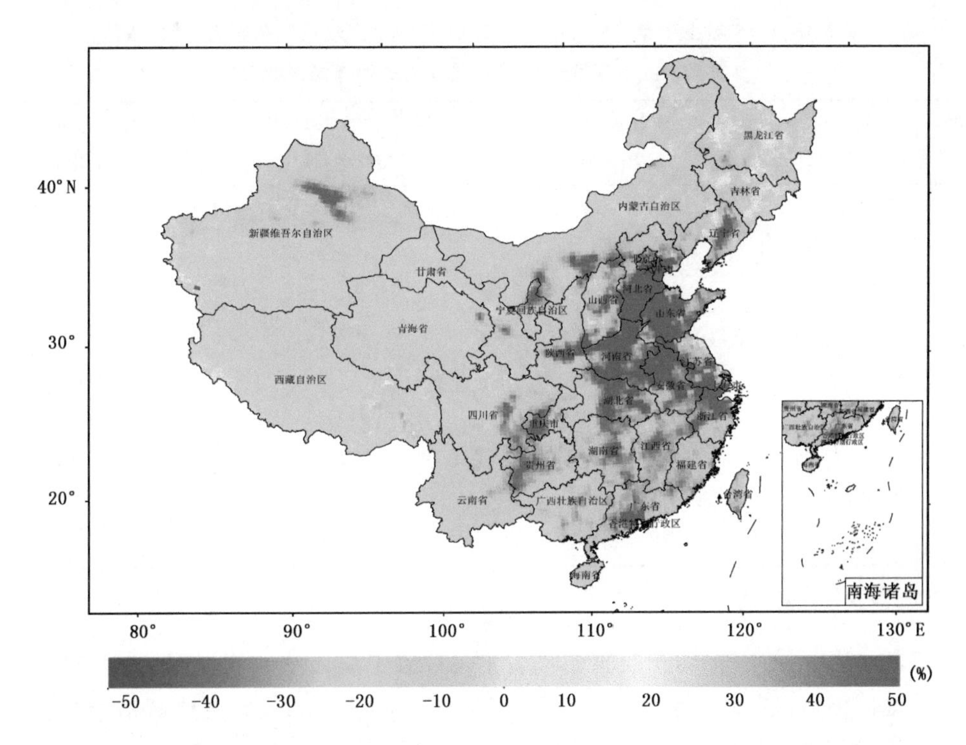

图 3-2　2015 年上半年全国大气二氧化氮含量较 2014 年同期变化图
（绿色和蓝色表示减少，黄色和红色表示增加）

臭氧(O_3)浓度明显增加。全国臭氧平均浓度为 78.7 微克/立方米，比 2014 年同期(54.0 微克/立方米)增加 46%。其中，京津冀(89.2 微克/立方米)、长三角(88.7 微克/立方米)、珠三角(71 微克/立方米)分别比 2014 年同期增加 55%、42%和 32%，东北、华中、西南和西北地区分别增加 51%、50%、50%和 42%。臭氧主要来自光化学反应，氮氧化物和挥发性有机物在受到太阳光照射时，便会产生臭氧。2015 年上半年在大气二氧化氮含量减少的情况下，全国臭氧浓度明显增加，其主要原因是太阳辐射偏强。气象观测显示，上半年全国日平均太阳总辐射为每天每平方米 14.71 兆焦，比 2014 年同期偏高 38%。

三、大气污染物浓度变化原因分析

实施大气污染防治措施使全国 $PM_{2.5}$ 平均浓度降低。从气象条件来看，2015 年上半年全国大气污染扩散气象条件比 2014 年同期偏差，同时，还出现 13 次沙尘天气过程(比 2014 年多 6 次)。但全国大部地区霾日数减少，$PM_{2.5}$ 和 PM_{10} 平均浓度明显下降。经综合分析，实施大气污染防治措施使全国 $PM_{2.5}$ 平均浓度下降 17%。除东北外，其他各主要区域 $PM_{2.5}$ 平均浓度下降 13%～32%(表 3-1)。此外，自 2009 年以来，全国 $PM_{2.5}$ 平均浓度呈波动式下降，而 2014 年和 2015 年较 2013 年连续两年下降，这也表明全国空气质量继续向好的方向发展。由此说明大气污染防治行动计划取得成效。

表 3-1 2015 年上半年 $PM_{2.5}$ 浓度与 2014 年同期比较及气象条件、减排措施对 $PM_{2.5}$ 浓度变化贡献的数值模式计算结果统计

区域 \ 模拟评估	$PM_{2.5}$ 浓度与 2014 年同期比较	气象条件对 $PM_{2.5}$ 浓度变化的贡献	减排措施对 $PM_{2.5}$ 浓度变化的贡献
全国	−16%	+0.4%	−17%
京津冀	−23%	+1%	−24%
京津冀周边	−13%	持平	−13%
长三角	−14%	+2%	−16%
珠三角	−18%	−0.4%	−18%
东北地区	−8%	−9%	+1%
西北地区	−28%	+4%	−32%
华中地区	−21%	+3%	−24%
西南地区	−15%	+8%	−23%

注：表中“+”和“−”分别表示较 2014 年同期增加和减少。

秸秆禁烧力度加大，有利于改善空气质量。气象卫星遥感监测表明，2015 年夏收期间虽然部分地区仍然存在秸秆焚烧现象，但与 2014 年同期相比，主要夏收区秸秆焚烧火点数明显减少，全国总体减少约 50%（图 3-3），这在一定程度上减少了污染物的排放，有利于改善空气质量。

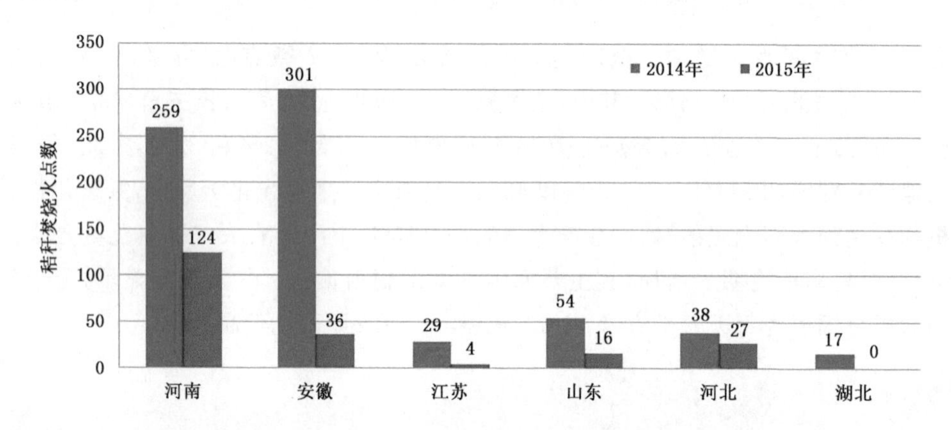

图 3-3 气象卫星监测 2015 年夏收区秸秆焚烧火点与 2014 年同期对比图

四、关注与建议

（1）要继续实施大气污染防治措施。与 2014 年同期相比，2015 年上半年全国平均霾日数减少，$PM_{2.5}$ 和 PM_{10} 平均浓度下降，SO_2 和 NO_2 总量减少，说明目前采取的大气污染防治措施是行之有效的，需要进一步坚持和强化。

（2）要进一步加大氮氧化物减排力度，强化光化学烟雾型污染治理。2015 年上半年全国大部地区臭氧浓度升高，表明以其为代表的光化学烟雾污染在加重，需加大防治力度。

入冬以来京津冀地区霾天气多发的气象成因分析

张立生[1] 张恒德[1] 王维国[1] 花丛[1] 刘洪利[2]

（1.国家气象中心；2.中国气象科学研究院 2015年12月25日）

摘要：11月12日以来，京津冀地区先后出现4次严重霾天气过程，重污染天气多发、影响大。超强厄尔尼诺事件导致入冬以来冷空气活动少、强度弱、小风日数多、大气静稳度高，以及相对湿度大、污染物吸湿性增长和化学反应明显，是造成重污染天气频繁发生的主要气象原因。

12月19—25日是京津冀及周边地区入冬以来出现的第4次霾天气过程，重度霾面积达到35.2万平方千米，为2015年以来范围最大，北京、河北中南部部分地区 $PM_{2.5}$ 峰值浓度均超过500微克/立方米，河北南部局地超过1000微克/立方米。此次过程中，空气污染程度总体接近2015年以来最强的重污染天气过程（11月27日—12月1日），其中河北、天津为2015年以来最强，北京仅次于11月27日—12月1日过程，为次强。数值模拟结果表明：采取减排措施后，京津冀地区 $PM_{2.5}$ 浓度总体降幅为15％～24％；北京地区 $PM_{2.5}$ 总体降幅为17％。

一、入冬以来京津冀地区霾天气多发的气象成因分析

11月12日以来，京津冀等地4次大范围霾天气过程分别发生在11月12—14日、11月27日—12月1日、12月6—10日和12月19—25日，均造成了严重的大气污染。大气污染的发生发展既与污染物排放源强度和分布有关，也与不利的气象条件有关。与2014年同期相比，霾天气过程明显多于2014年同期（2次），平均过程持续时间为5天，比2014年同期多2天。

入冬以来霾天气多发的气象成因主要有以下三个方面：

冷空气强度弱，小风日数多，污染物水平扩散能力差。11月12日以来，共有3次冷空气过程，与近10年同期（4次）相比次数偏少，强度明显偏弱，且三次冷空气过程间隙时间长，均达一周以上，利于污染物持续积累。京津冀地区平均风速为1.8米/秒，较常年同期和2014年同期（均为2.0米/秒）偏小10％；小风日数（风速≤2米/秒）有31天，较常年同期偏多3天，较2014年偏多4天。风速偏小导致大气污染物水平扩散条件变差，极易造成污染物在近地面大气层中积聚。

大气层结稳定，混合层顶高度低，抑制了污染物的垂直扩散。入冬以来，北京地区混合层顶的平均高度为553米，明显低于2014年同期（1052米），极不利于污染物在垂直方向上的输送和扩散。

空气湿度大，污染物吸湿性增长和化学反应更加明显，导致 $PM_{2.5}$ 骤升。入冬以来，京津冀地区平均相对湿度（73.5％）较常年同期（60.4％）偏高13.1％，较2014年同期（49.6％）偏

高 23.9%。过于潮湿的空气不仅造成了颗粒物吸湿性增长，导致能见度的下降，且更有利于污染物的二次反应，使 $PM_{2.5}$ 的浓度骤升。

二、19—25 日京津冀等地再次出现严重霾天气过程，多地空气质量达到重度至严重污染

(一)19—25 日霾过程导致的空气污染程度总体接近 2015 年以来最强的重污染天气过程

12 月 19—25 日，中东部地区静稳天气再次建立，华北中南部、黄淮大部、江淮东部及陕西关中等地出现中到重度霾，其中 22—23 日霾影响范围扩大、程度加重，北京大部、天津、河北中南部、山东大部、河南中北部等地出现重度霾，其面积达到 35.2 万平方千米(图 3-4)。北京、天津、河北中南部、河南北部、山东北部和西部出现大面积严重污染，北京、河北中南部部分地区 $PM_{2.5}$ 峰值浓度均超过 500 微克/立方米，河北南部局地超过 1000 微克/立方米。在此次过程中，北京 23 日下午至 24 日白天霾及污染天气减弱，24 日夜间至 25 日再度加重。

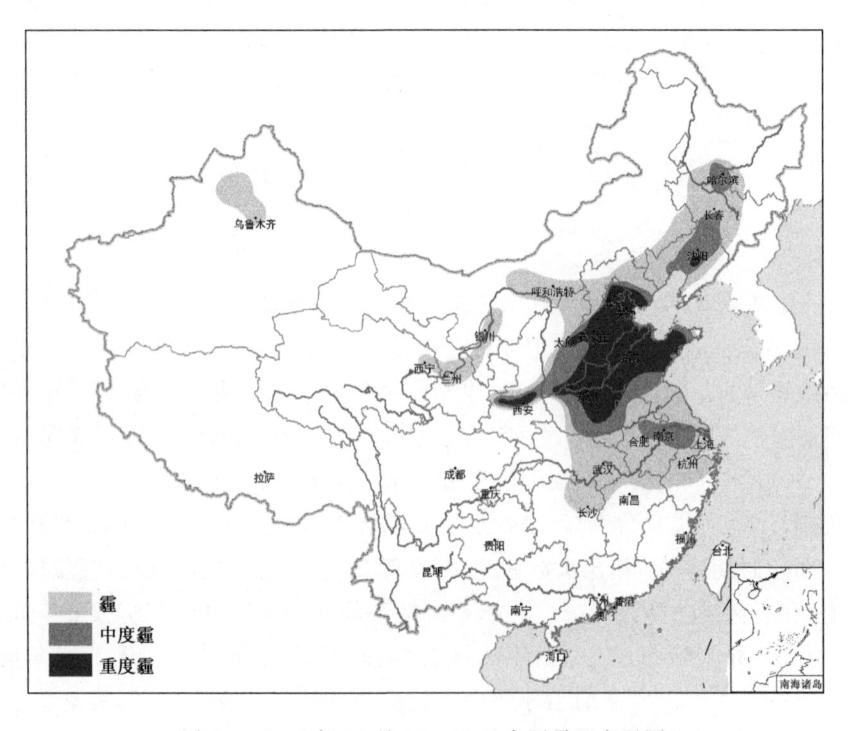

图 3-4　2015 年 12 月 19—25 日全国霾区实况图

此次霾天气过程具有持续时间长、空气污染程度重的特点。与近期过程相比较，空气污染程度总体接近 2015 年以来最强的重污染天气过程(11 月 27—12 月 1 日)。其中，河北、天津为 2015 年以来最强；北京重于 12 月 6—10 日(表 3-2)，为 2015 年以来次强。

表 3-2 2015 年 12 月 19—25 日霾过程与近期两次较重的过程比较

京津冀过程起止时间	京津冀持续时间	重度霾面积（万平方千米）	北京地区	
			最低能见度（米）	$PM_{2.5}$平均浓度（微克/立方米）
12 月 19－25 日	7 天(北京 6 天)	35.2	＜100	261
12 月 6－10 日	5 天	16.9	＜200	199
11 月 27 日—12 月 1 日	5 天	14.2	＜100	307

(二)减排效果及跨界传输评估

11 月 27 日—12 月 1 日、12 月 6—10 日和 12 月 19—25 日等三次较重霾过程中，北京地区的静稳指数最大值分别为 19,19,20，静稳指数相当，过程 $PM_{2.5}$ 平均浓度分别为 307,199,261 微克/立方米，小时峰值浓度分别为 602、308、508 微克/立方米。由此看出，在 12 月 6—9 日和 19—22 日两次过程中启动空气重污染红色预警对 $PM_{2.5}$ 浓度的降低起到了一定作用(图 3-5)。

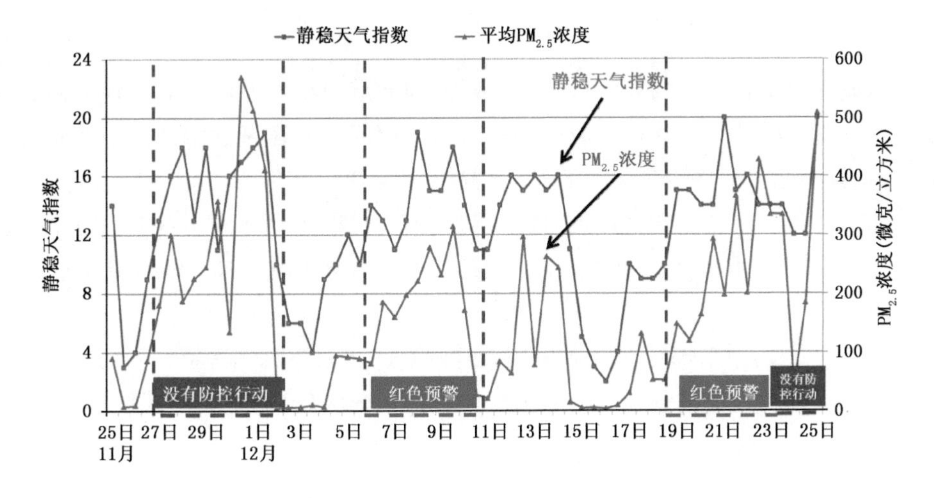

图 3-5 北京地区平均 $PM_{2.5}$浓度与静稳天气指数演变图

(静稳天气指数越大，越不利于污染物扩散)

数值模拟结果显示：19—22 日京津冀地区联动发布空气污染预警及采取减排措施后，$PM_{2.5}$浓度总体降幅为 15%～24%。其中大部地区 $PM_{2.5}$浓度降低 30～50 微克/立方米，河北南部、天津局部降低 50～75 微克/立方米，北京地区的 $PM_{2.5}$ 总体降幅为 17%。北京的 $PM_{2.5}$约有 45%是来自外地输送，55%为本地排放源所致(图 3-6)，其中 22 日污染最严重时段，外来输送比例高达 60%，本地排放占 40%。这在一定程度上表明，北京严重污染时段，外来污染物贡献显著。

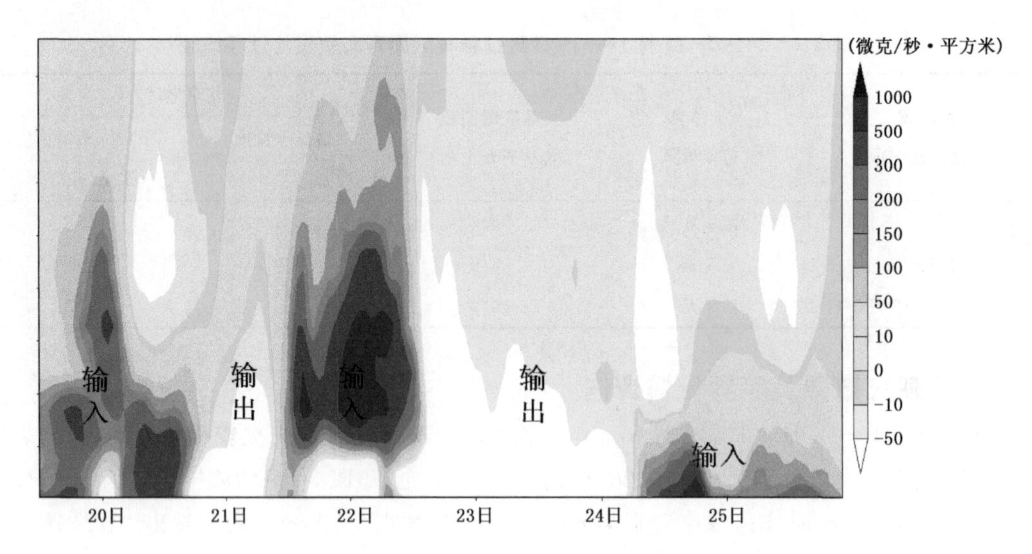

图 3-6 2015 年 12 月 19—25 日北京南郊 $PM_{2.5}$ 输送通量模拟图
(红色区域为自南向北向北京输送,蓝白区域为北京向南输出)

三、京津冀地区未来霾天气趋势

新中国成立以来,第三次超强厄尔尼诺事件(即赤道中东太平洋海域平均海温异常偏高的气候事件)已持续了 20 个月,目前已达到峰值,此次厄尔尼诺事件将持续到明年春季。受其影响,影响我国北方的冷空气异常不活跃,静稳天气多。

预计 26 日白天起,受冷空气影响,此次雾、霾天气过程将自北向南逐渐减弱消散。28—31 日,华北中南部、黄淮等地将再次出现雾霾天气,并逐步加强,部分地区有重度霾,1 月 1 日霾天气减弱。

2016 年 1—2 月,中东部地区气温偏高,多静稳天气,京津冀地区雾、霾日数较近 10 年同期明显偏多。需进一步加强霾及重污染天气的预报预警服务,适时启动区域应急减排措施,全力做好冬季重污染天气的防御应对工作。

9—15 日东北华北黄淮等地出现严重雾霾天气，预计 2015 年冬季中东部雾霾日数将较常年明显偏多

王秀荣 张恒德 李佳英 张碧辉 花丛 吕梦瑶 鲍媛媛 李勇 钱栓
（国家气象中心 2015 年 11 月 17 日）

摘要：11 月 9—15 日，我国中东部地区出现持续性雾霾天气，具有持续时间长、影响范围广，雾霾混合、局地污染程度重等特点。与 2015 年 10 月 13—17 日出现的大范围雾霾过程相比，除了东北地区局地出现严重污染以外，其余大部地区大气污染程度偏弱。

预计 11 月底之前，北方雨雪过程较多，多冷空气活动，我国大部地区无明显雾霾天气过程。冬季京津冀、长三角等地气温偏高、降水偏多，雾霾日数较常年同期平均明显偏多。建议各地密切关注雾霾天气趋势，适时加强大气污染减排管控工作，及时启动区域应急减排，防范区域性或阶段性雾霾天气的不利影响。

一、9—15 日东北华北黄淮等地出现严重雾霾天气

受静稳天气影响，11 月 9—15 日，我国中东部地区出现持续性雾霾天气，部分地区出现轻至中度霾、局地重度霾，并伴有较重空气污染，局地出现严重污染。此次雾霾过程特点如下：

持续时间长、影响范围广。此次雾霾天气过程中，东北地区中南部、华北大部、黄淮、江淮中东部等地雾霾日数达 5～7 天，较一般雾霾天气过程持续时间（3 天左右）明显偏长。雾霾范围覆盖陕西、山西、河北、北京、天津、山东、河南、安徽、江苏、浙江、上海、辽宁、吉林、黑龙江等 14 省（市）（图 3-7），霾覆盖面积约 141 万平方千米，中度霾以上覆盖面积约 47 万平方千米。是入秋以来持续时间最长、影响范围最大的一次雾霾天气过程。

雾霾混合、局地污染程度重。华北、黄淮、江汉、江淮等地雾霾天气混合出现，局地出现浓雾和强浓雾，京津冀及山东、黑龙江、辽宁等地最低能见度低于 200 米。夜间至上午以雾为主，下午到傍晚以霾为主。东北地区、京津冀地区及山东中北部、河南北部 $PM_{2.5}$ 区域平均浓度超过了 115 微克/立方米，出现中到重度污染；东北地区中南部、北京、山东北部 $PM_{2.5}$ 平均浓度超过了 250 微克/立方米，其中辽宁中东部、吉林中部等地部分地区 $PM_{2.5}$ 峰值浓度超过 500 微克/立方米（图 3-8），出现严重污染。北京地区 14 日午后 $PM_{2.5}$ 浓度出现峰值，为 344 微克/立方米（图 3-9）。持续雾霾导致上述地区多寡照天气，华北东部、黄淮中西部日平均日照时数小于 2 小时。

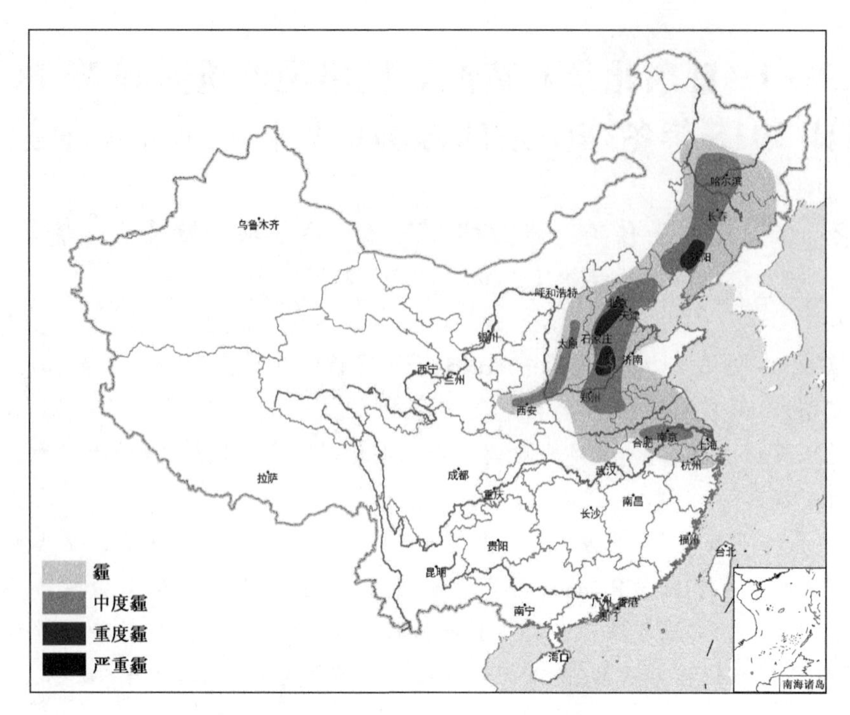

图 3-7　2015 年 11 月 9—15 日全国霾区实况图

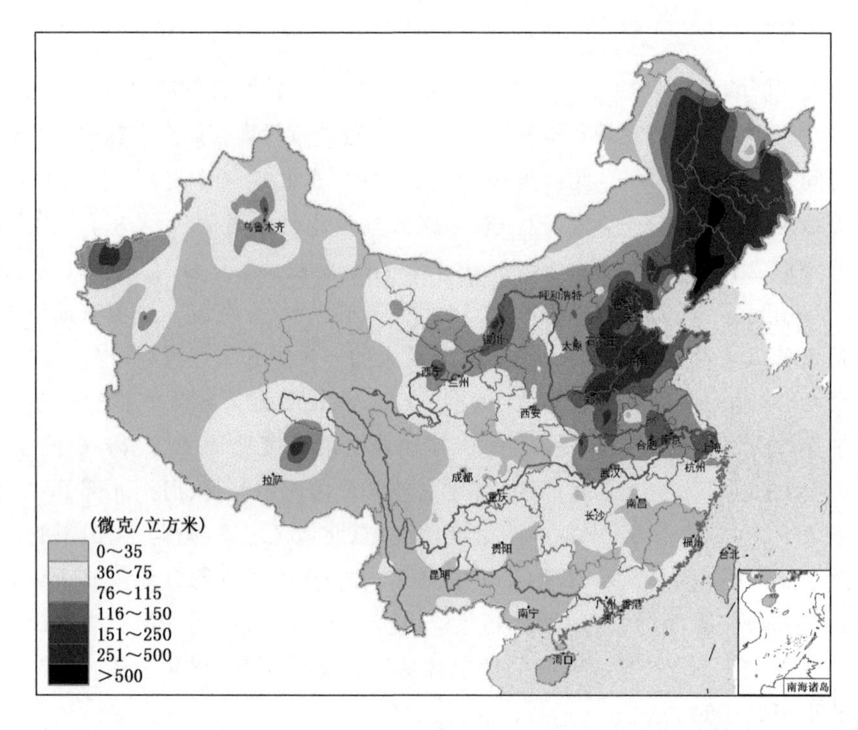

图 3-8　2015 年 11 月 9—15 日全国 $PM_{2.5}$ 最大小时浓度实况图

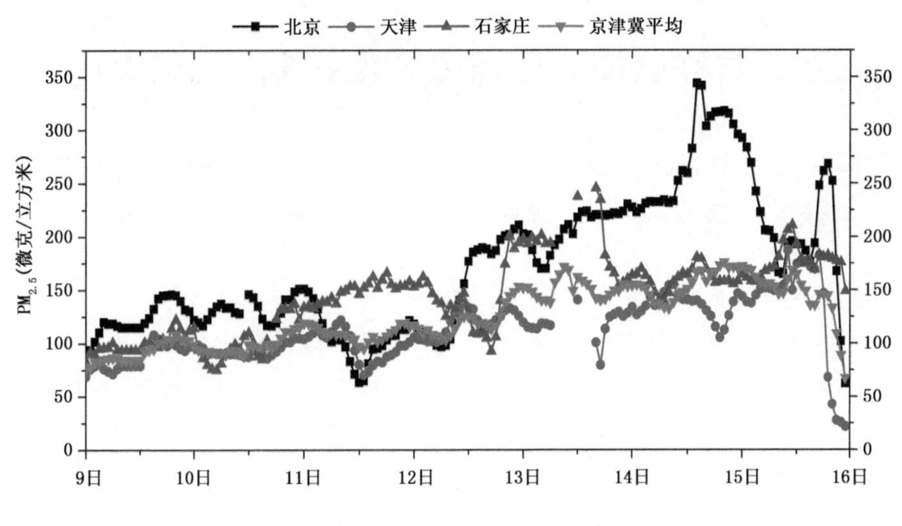

图 3-9　2015 年 11 月 9—16 日京津冀地区 $PM_{2.5}$浓度实况图

此次过程中,我国中东部地区无明显冷空气活动;地面为均压场,风速较小,扩散条件差。长时间静稳天气的维持为大范围雾霾天气的发生提供了有利的天气背景。

二、与近年重大雾霾事件相比,此次污染程度偏弱

与 2015 年 10 月 13—17 日出现的大范围雾霾过程相比,本次雾霾过程除了东北地区局地出现严重污染以外,其余大部地区大气污染程度偏弱,其中北京地区 $PM_{2.5}$最大小时浓度为 344 微克/立方米,略低于上次 390 微克/立方米。

与 2013 年、2014 年相似过程比较,此次过程污染程度也明显偏弱。这次过程的持续时间和影响范围小于 2013 年 1 月 7—16 日的雾霾过程,与 2014 年 2 月 21—26 日过程相当,是 2014 年 3 月以来持续时间最长的一次大范围雾霾过程,其综合污染气象条件与其他两次过程相当,但污染程度低于其他两次过程(其他两次过程京津冀平均最高浓度分别超过 500 微克/立方米和 400 微克/立方米)。

三、未来雾霾趋势预测及建议

预计 11 月底之前,北方雨雪过程较多,主要降水时段在 17—19 日、21—23 日,23 日之后至月底,多冷空气活动,气温将明显下降,受其影响,月底前我国大部地区无明显雾霾天气过程。

根据气候趋势预测分析,冬季(2015 年 12 月—2016 年 2 月)京津冀、长三角等地气温偏高、降水偏多,雾霾日数较常年(1981—2010 年)同期平均明显偏多。

建议各地密切关注雾霾天气趋势,做好重污染天气的防御准备,适时加强大气污染减排管控工作,及时启动区域应急减排,防范区域性或阶段性雾霾天气的不利影响。

2015年红碱淖萎缩速度首次控制在1%以内

卓静[1] 杜莉丽[2] 王钊[1] 吴林荣[2] 郑小华[2] 冯蕾[2] 刘金晶[2]
(1.陕西省农业遥感信息中心;2.陕西省气象局减灾服务中心 2015年11月22日)

摘要:最新卫星监测数据显示:2015年红碱淖水体面积约为31.51平方千米,与2014年相比减少0.29平方千米,较1986年减少27.09平方千米,萎缩46.2%。但从2012年红碱淖保护工程实施以来,水体面积萎缩速度逐年放缓,2012—2014年水体面积分别较上一年萎缩2.89%、2.19%和1.12%。2015年较2014年萎缩0.91%,首次控制在1%以内。

一、2015年红碱淖水体面积萎缩速度首次控制在1%以内

近年来,省农业遥感信息中心对红碱淖水体变化进行了持续动态跟踪监测。2015年最新监测数据显示:2015年红碱淖水体面积约为31.51平方千米,较2014年减少了0.29平方千米(图3-10)。与1986年相比,其水体面积共减少27.09平方千米,减幅达46.2%。但是从2012年红碱淖保护工程实施以来,其水体面积萎缩速度呈逐年放缓趋势,特别2015年以来其萎缩速度首次控制在1%以内。其中,2012年较2011年减少0.98平方千米(萎缩2.89%),2013年较2012年减少0.72平方千米(萎缩2.19%),2014年较较2013年减少0.36平方千米(萎缩1.12%),2015年较2014年减少0.29平方千米(萎缩0.91%)(图3-11)。

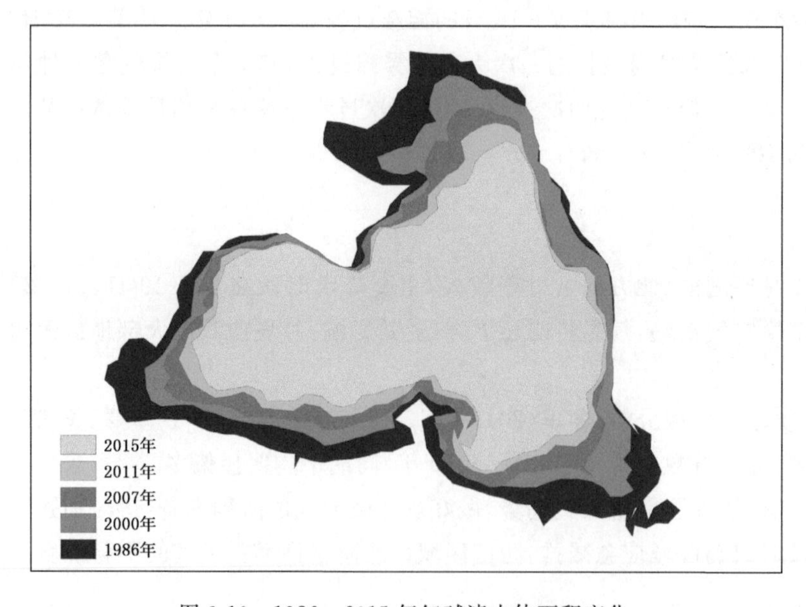

图3-10 1986—2015年红碱淖水体面积变化

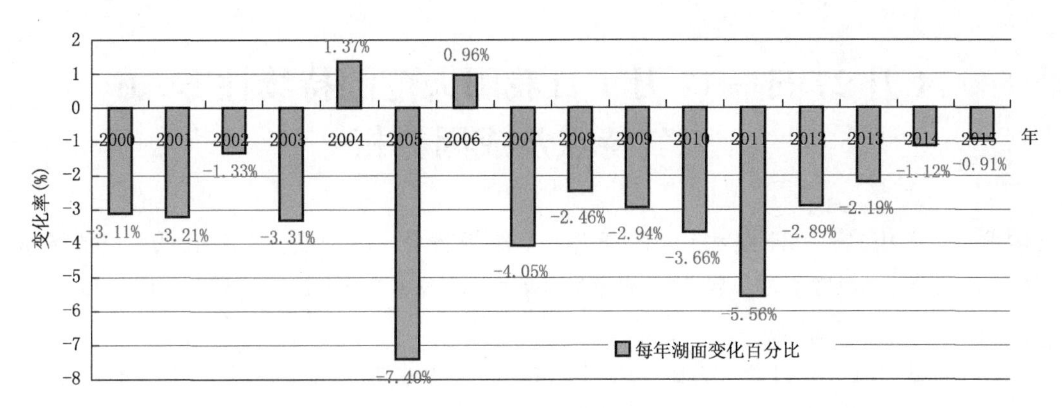

图 3-11　2000—2015 年红碱淖水体面积年变化率图

二、建议继续加大红碱淖生态保护力度

我国从 2012 年将红碱淖湿地保护列入生态保护项目，连续 3 年每年投入 2 亿元用于红碱淖生态环境保护。监测数据显示：近年来红碱淖水体面积减少与当地降雨量没有明显关系，从 2000—2015 年神木县夏季降水和湖水面积变化的统计来看，红碱淖所在的神木县降水量一直处于波动状态，并没有像红碱淖水体面积一样呈直线减少趋势。特别是 2015 年夏季神木县降水量较常年异常偏少，而红碱淖水体面积萎缩速度却首次控制在 1%以内，说明人为保护措施在红碱淖生态恢复与保护方面发挥了更为积极的作用(图 3-12)。建议后期继续加大保护力度，最大限度地发挥红碱淖湿地保护区的生态效益。

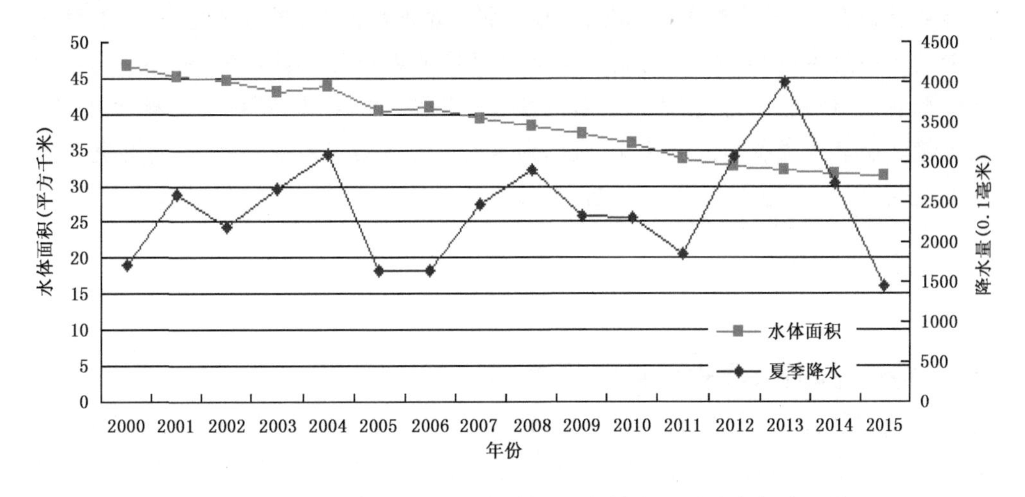

图 3-12　2000—2015 年红碱淖水体面积与神木县夏季降水对比图

11月27日—12月1日我国大范围持续性雾、霾天气特点及成因分析

姚学祥[1] 张小玲[2] 孙兆彬[2] 熊亚军[2] 张恒德[3] 马小会[2] 唐宜西[2] 郭淳薇[2]
(1.北京市气象局;2.京津冀环境气象预报预警中心;3.国家气象中心 2015年12月2日)

摘要:2015年11月27日—12月1日,我国中东部出现了一次十分严重的雾霾天气过程,其中以北京和华北中南部最严重。此次雾霾具有持续时间长、覆盖范围广、强度强、过程发展快、$PM_{2.5}$峰值浓度高(北京南部局地浓度超过900微克/立方米)、能见度低(最低能见度小于200米)等特点。华北地区也出现了持续5天以上的雾霾天气。市气象局对这次过程进行分析,结果表明:(1)气象条件非常有利是"帮凶"。华北地区较长时间为地面高压后部的弱气压场和低压辐合区控制,造成近地层风速小,很不利于污染物的水平扩散;同时,徘徊在河北中部至北京南部的地面风场辐合线,在短暂南压后快速北移,造成辐合线南侧污染物浓度激增区控制北京,进一步加剧了污染物在北京、石家庄、保定、邢台、邯郸一带的累积。1500米高度暖平流明显,逆温增强,混合层高度低,形成一个"盖子",很不利于污染物的垂直扩散。低层偏南和偏东气流将水汽和上游污染物向北京地区输送,加之29日气温明显回升,导致地面积雪融化,近地面相对湿度增加,有时接近饱和。(2)污染颗粒物大幅增多是"元凶"。前期持续低温雨雪采暖和北方供暖的全面启动,导致污染物排放增多。(3)大量颗粒物和丰富水汽等相互作用起到"推波助澜"的作用。大量颗粒物吸湿增长和液相反应过程,加速气态前体物向颗粒物转化,可能是颗粒物浓度快速增加的另一个重要原因。

一、大范围持续性雾、霾天气特点

(一)持续时间长,覆盖范围广,强度强

本次雾霾过程从11月26日夜间开始,到12月1日半夜结束,持续时间5天以上(长达120小时以上)。长江以北大部地区出现持续雾霾天气。华北中南部、黄淮等地出现中度霾,局地重度霾,主要影响北京、天津、河北中南部、河南北部、山东西北部、山西南部、陕西关中地区、江苏中北部等地,大部地区$PM_{2.5}$浓度高于150微克/立方米,出现重度污染。其中,北京南部、天津、河北中南部、山东北部、山西南部、河南北部等地部分地区$PM_{2.5}$浓度高于250微克/立方米,出现严重污染。

(二)雾霾混合,能见度低

本次过程一个显著特征是雾霾混合。11月29日、30日和12月1日,华北中南部、黄

淮、江淮东部、江汉北部等地出现了能见度不足1000米的大雾，局地有能见度不足100米的强浓雾

(三)污染过程发展快，$PM_{2.5}$峰值浓度高

11月26—27日，污染迅速发展。30日下午，北京市大部地区$PM_{2.5}$爆发性增长。30日06时全市平均$PM_{2.5}$浓度54微克/立方米。30日中午开始，$PM_{2.5}$浓度快速上升。15时北京城区平均浓度超过500微克/立方米，南部超过700微克/立方米，京南琉璃河站高达976微克/立方米。17时全市平均$PM_{2.5}$浓度已经增加到527微克/立方米(图3-13)。11小时内增长了473微克/立方米，其中浓度最大小时增幅高达100微克/立方米。(2014年2月20—26日北京出现持续7天的雾霾过程期间$PM_{2.5}$浓度增长比较平缓，小时最大增速为50微克/立方米)。

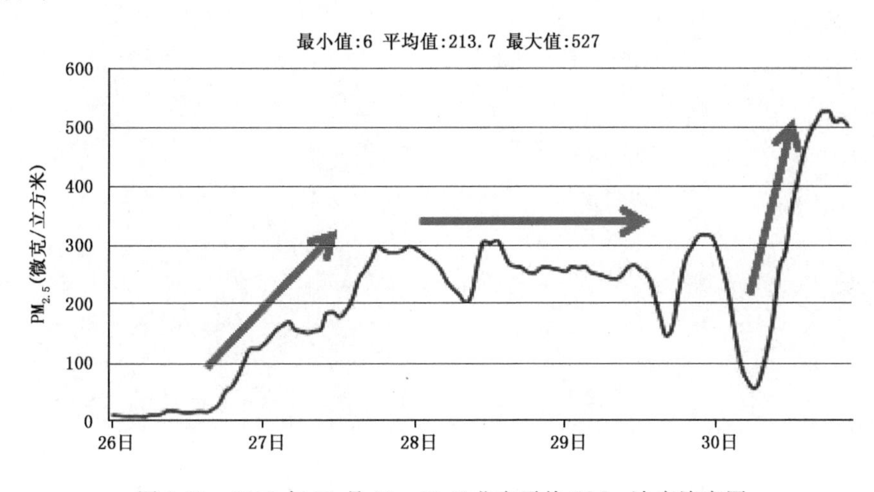

图3-13 2015年11月26—30日北京平均$PM_{2.5}$浓度演变图

二、气象成因分析

(一)持续低温天气导致采暖燃煤大幅增加

11月22—26日，华北地区出现了持续低温天气，北方居民采暖燃煤大幅增加，导致污染物排放大幅增加。

(二)地面高气压后部均压场造成大范围静稳天气形势

造成华北地区持续低温天气的地面冷高压于11月27日—12月1日逐渐东移入海，华北地区温度升高，气压下降，气压水平梯度减小，表现为大范围均压场，风力减弱，华北地区维持静风或小风，水平扩散条件差(图3-14)。同时，受高压后部偏南风影响，污染物沿太行山东侧向北京地区的输送作用加强。

(三)地面风场辐合线徘徊在北京附近

太行山、燕山山脉前存在地面风场辐合线(图3-15)，造成北京南部、石家庄、保定、邢台、邯郸一带为重污染高值区。

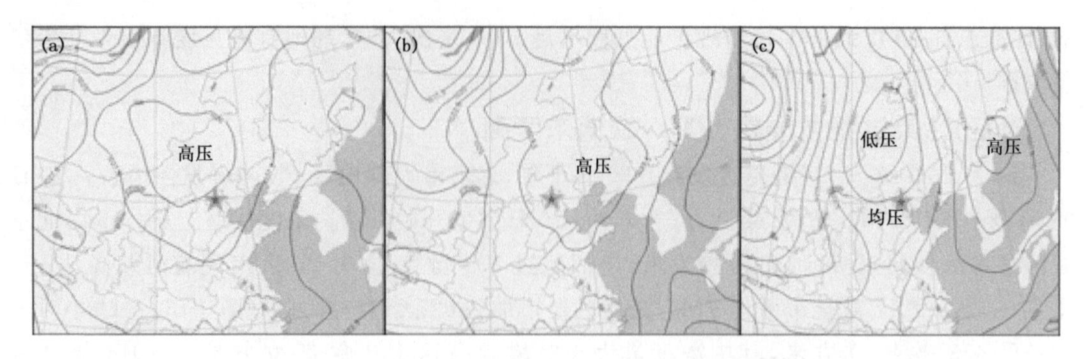

图 3-14　2015 年 11 月 29 日(a)、11 月 30 日(b)及 12 月 1 日(c)雾霾期间海平面气压场图

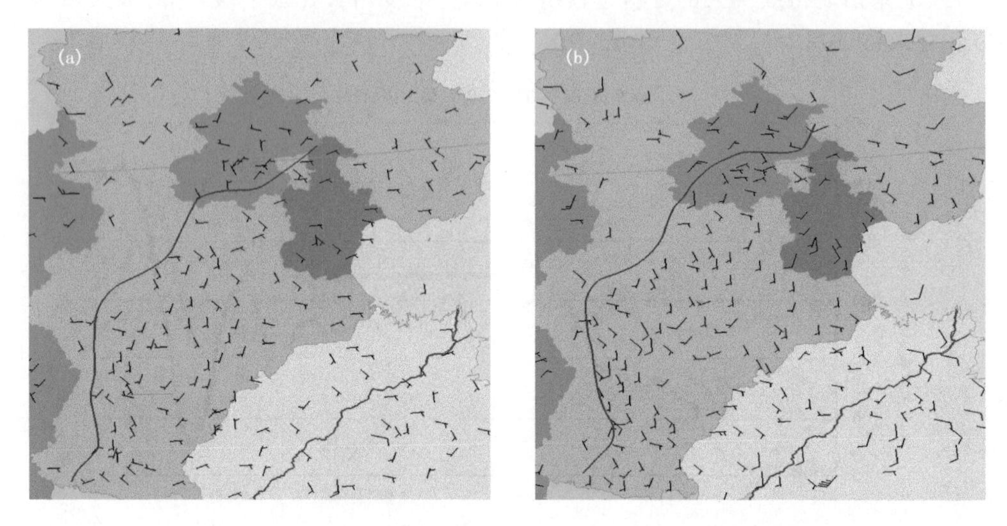

图 3-15　2015 年 11 月 30 日 08 时(a)和 14 时(b)地面风场图
(红色曲线为地面辐合线)

29 日夜到 30 日上午,北京市出现弱的北风,将辐合线向南推进,但遇到南部南风气流阻挡,只推进到北京南部(图 3-15a)。在辐合线北侧 $PM_{2.5}$ 迅速下降,南侧 $PM_{2.5}$ 浓度激增,导致北京大部地区 $PM_{2.5}$ 浓度下降,而南部的大兴等地维持高值,有所增加。30 日中午前后,南风加强,北风减弱,辐合线向北推进(图 3-15b),北京市大部地区 $PM_{2.5}$ 浓度"报复"性反弹,甚至东北部山区上甸子站 $PM_{2.5}$ 峰值浓度也达到 350 微克/立方米(图 3-16)。其中,房山站 30 日 10—20 时,$PM_{2.5}$ 浓度由 175 微克/立方米飙升至 805 微克/立方米,10 个小时内增加了约 630 微克/立方米。

(四)低层湿度高

在持续低温结束后,29 日气温明显回升(图 3-17),导致地面积雪融化,加之南风暖湿气流输送,使近地面相对湿度增加,有时接近饱和。29 日下午至 12 月 1 日,北京市大部分地区相对湿度在 85%以上(图 3-18),30 日至 12 月 1 日大部分地区相对湿度接近饱和。相对湿度的增加一方面导致颗粒物吸湿增长,能见度下降(南郊观象台从 30 日夜间至 12 月 1 日能见度一直维持在低于 500 米的状态),出现了大雾和重度霾混合共存现象。另一方面,研究表明，相对湿度的增加还会导致液相反应的参与，加速气态前体物向颗粒物转化，导致颗粒物的浓度快速增加。

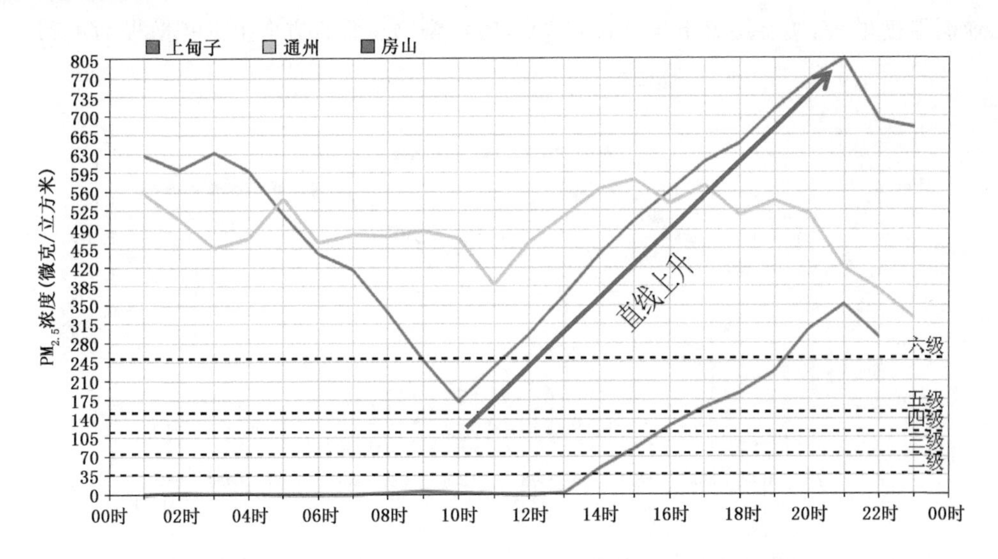

图 3-16　2015 年 11 月 30 日 01 时—23 时北京南部(房山、通州)和北部(密云上甸子)$PM_{2.5}$浓度(气象局观测站)

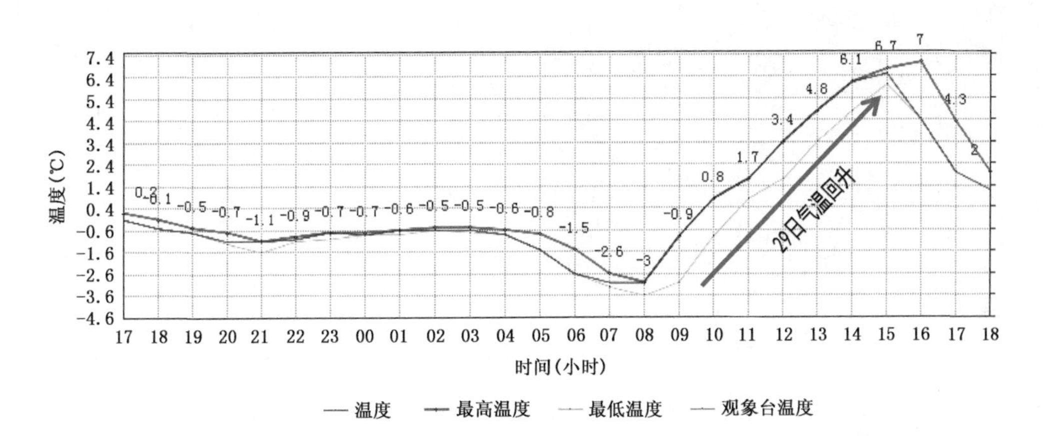

图 3-17　2015 年 11 月 28 日 17 时—29 日 18 时北京气温变化趋势图

(五)对流层低层强逆温层

由于前期受强冷空气影响，温度大幅下降，导致近地面温度偏低，而受暖湿气流影响边界层顶气温显著回升，导致低层逆温增强，扩散能力大幅减弱。

30 日 08 时，北京市 1500 米高空温度为－5℃，而上游的太原和邢台为 2℃(图 3-19a)，在强盛的西南气流下，1500 米高空维持强盛暖平流，北京市上空气温迅速上升。地面由于强雾、霾覆盖导致太阳辐射减弱，升温乏力，加剧了对流层低层的逆温强度，形成稳定层结，抑制污染物垂直扩散。此次过程最后两天也是雾、霾发展最为严重的两天，在 2000 米以下存在比较强的逆温层结，30 日 20 时近地层和低空出现双层，逆温强度 2℃/100 米（图 3-19b），12 月 1 日 08 时低空逆温进一步增强，即在 1200 米到 2000 米，温度由－7℃增加到 2℃，逆温厚度增大，逆温层上下温差达到 9℃，对污染物在垂直方向上的扩散极为不利。

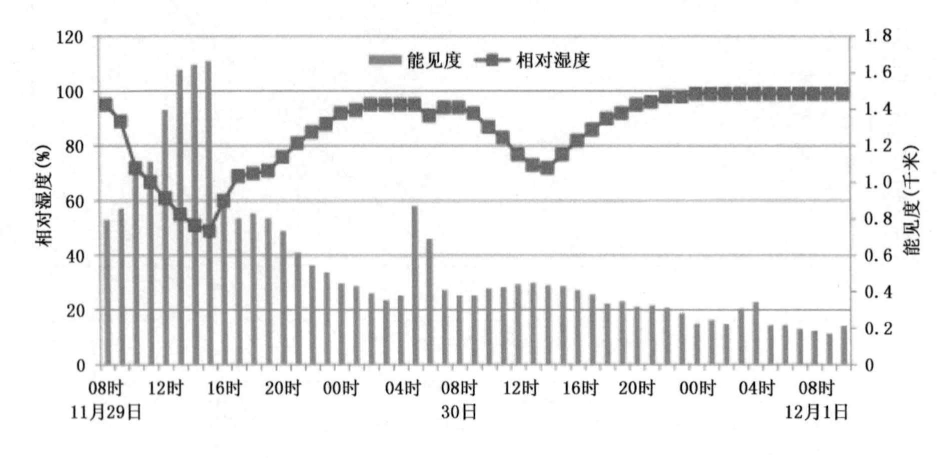

图 3-18　2015 年 11 月 29 日 08 时—12 月 1 日 10 时北京能见度与相对湿度图

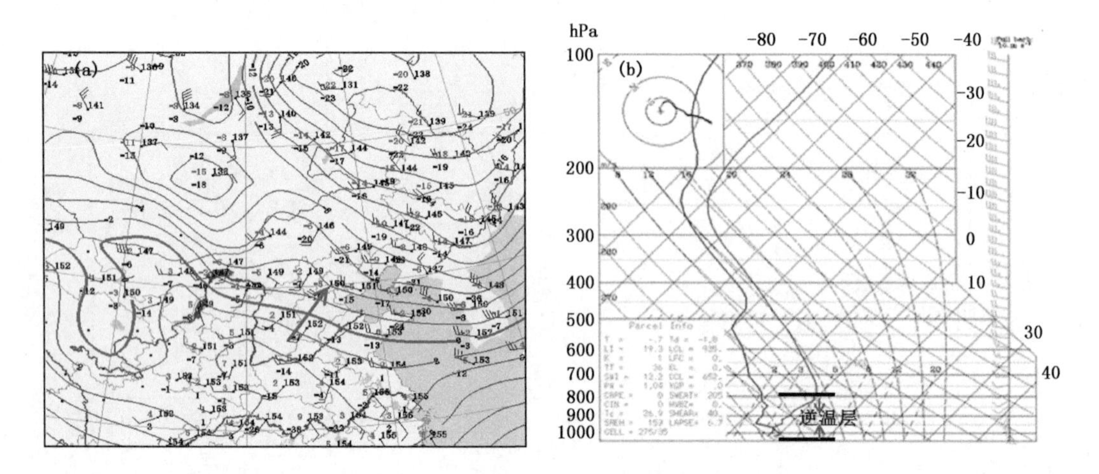

图 3-19　2015 年 11 月 30 日 08 时 850 hPa 温度场与风场(a)和 2015 年 11 月 30 日 20 时北京探空图(b)
（红色为温度曲线，蓝色为露点温度曲线）

（六）混合层高度低

本次过程混合层高度很低，11 月 27 日—12 月 1 日白天混合层高度仅为 300 米左右（图 3-20），夜间则更低，大气环境容量显著降低，抑制了污染物垂直输送，把污染物压缩在很薄的近地层。

此次雾、霾过程具有持续时间长、覆盖范围广、强度强、过程发展快、$PM_{2.5}$峰值浓度高和能见度低等特点，是由于极端不利的气象条件与冬季采暖排放量加大共同作用造成的我国中东部地区一次十分严重的雾、霾天气过程，且以北京和华北中南部最为严重。

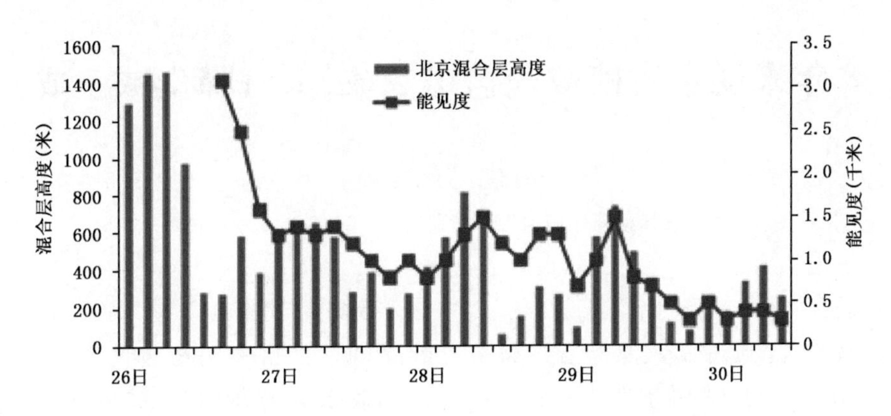

图 3-20 2015 年 11 月 26—30 日混合层高度和能见度图

8年来辽宁省植被覆盖增二成，大气降尘减三成

冯锐　纪瑞鹏
（中国气象局沈阳大气环境研究所　2015年2月2日）

摘要："十一五"和"十二五"期间，辽宁省先后实施了"青山工程"等系列生态工程，成效喜人。辽宁省气象局监测结果表明：2006—2014年全省植被覆盖度逐年增加，2014年植被覆盖面积为67975平方千米，较2006年增加10103平方千米，增加了17.5%，增加的区域主要在辽西北地区及沈阳、大连、抚顺等市。2007—2014年全省大气降尘量明显下降，由2007年的2397万吨减少到2014年的1770万吨，减少627万吨，减少26.2%；朝阳地区大气降尘量减少最多，减少53.5%。

一、植被覆盖度监测

辽宁省气象局卫星遥感中心监测结果表明，2006—2014年全省非农田高植被覆盖区（植被覆盖度>40%，以下简称植被覆盖区）面积总体逐年增加（图3-21）。2006年全省植被覆盖区面积为57872平方千米，主要分布在东部、西部和南部的丘陵、山区。2007—2014年，全省植被覆盖区面积增加区域主要分布在辽西北地区及沈阳、大连、抚顺等市（图3-22）。2014年全省植被覆盖区面积为67975平方千米，较2006年增加10103平方千米，增加了17.5%。

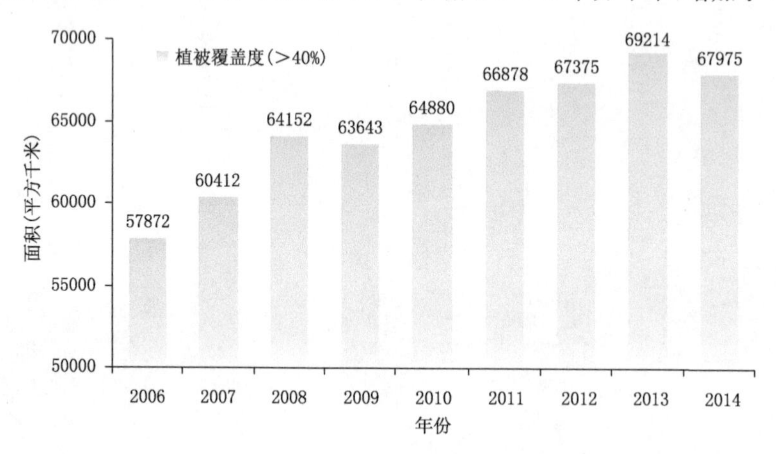

图3-21　2006—2014年辽宁省非农田区植被覆盖度>40%的面积图

二、大气降尘量监测

辽宁省气象局监测表明，2007—2014年全省30个大气降尘监测站的大气降尘量总体为下降趋势（图3-23）。全省大气降尘量由2007年的2397万吨下降到2014年的1770万吨，

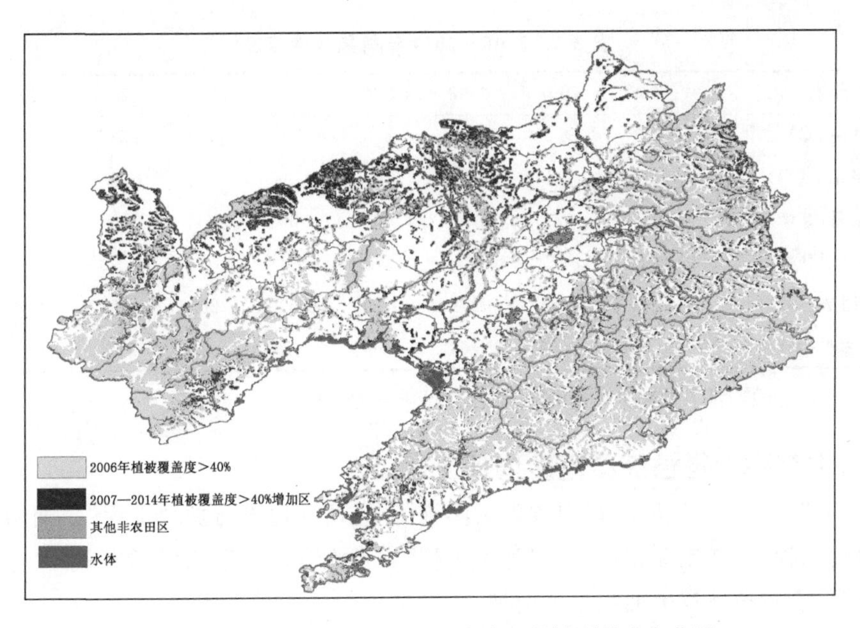

图 3-22 2006—2014 年辽宁省非农田植被覆盖度变化图

减少 627 万吨，减少了 26.2%；朝阳、铁岭、辽阳、丹东和葫芦岛市下降幅度高于其他市。朝阳市 2007 年大气降尘量为 647 万吨，2014 年为 301 万吨，下降 53.5%。

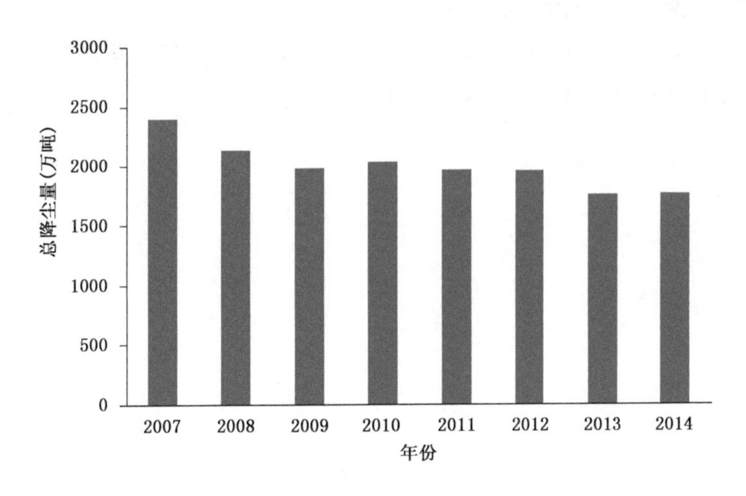

图 3-23 2007—2014 年辽宁省大气降尘量图

三、植被覆盖度增加和大气降尘量减少原因

(一)气象条件有利植被生长

2006—2014 年(2009 年、2014 年除外)，全省大部分地区光、温、水条件匹配合理(表 3-3)，未发生大范围的气象灾害和森林病虫害，气象条件有利于植被健康生长。

表3-3 2006—2014年气象条件概况

年份	2006	2007	2008	2009	2010	2011	2012	2013	2014
气温(℃)	8.8	9.6	9.0	8.5	7.8	8.3	7.7	8.8	9.6
气温距平(℃)	0.3	1.1	0.5	0	−0.7	−0.2	−0.8	0.3	1.1
降水量(毫米)	601	627	630	566	1003	617	919	780	430.6
降水距平百分率(%)	−10	−5	−5	−15	51	−7	39	18	−35
日照时数(小时)	2364	2424	2486	2616	2320	2606	2529	2462	2566
日照距平(小时)	−156	−96	−34	96	−200	86	9	−58	46

注:2006—2014年距平值计算所用常年值取1981—2010年30年平均。

(二)生态建设是植被覆盖度增加主因

“十一五”、“十二五”期间,辽宁省先后实施了“辽西北边界防护林工程”、“朝阳市500万亩荒山绿化工程”、“四年绿化辽宁”、“青山工程”、“十大省级生态工程”等一系列重点生态建设工程,使得全省植被覆盖面积显著增加。

(三)植被覆盖度增加有利减少大气降尘

植被覆盖面积的增加,不仅减少了沙尘源地面积、有效阻挡了外部来尘,还增强了对大气降尘的吸附能力。

(四)大气污染治理见成效

近年来辽宁省实施了一系列大气污染治理措施,削减了大气污染的排放量。同时,城市基本建设过程中通过加强施工管理,减少了人为产尘。

“低温阴雨寡照”天气将持续，需关注对农业生产的不利影响和地质灾害风险

胡雪琼 余凌翔 周德丽 梁红丽 鲁韦坤 张加云 徐梦芸 何雨芩
（云南省气象局 2015年9月2日）

摘要：7月下旬以来(7月21日—8月31日)，全省平均气温21.1℃，较常年同期偏低0.4℃；平均降水量335 mm，较常年同期偏多22.4%；平均日照时数为130.3小时，较常年同期偏少55.2小时(偏少29.8%)，为1961年以来第2少年份。“低温阴雨寡照”天气对云南省农业生产造成严重影响，连续降雨增大地质灾害风险。特别是8月，云南省出现5次全省性强降水天气过程，暴雨洪涝灾害点多面广，地质灾害气象风险等级偏高。预计9月上旬云南省大部多阴雨天气，9月阴雨日数偏多、降水略多至偏多。建议早谋划秋收秋种工作，严加防范连续降雨引发的地质灾害。

一、7月下旬以来云南省持续“低温阴雨寡照”天气

(一)大部地区持续阴雨，降雨量偏多

7月21日—8月31日，全省平均降水量335.0 mm，较常年同期偏多61.3 mm(偏多22.4%)。与常年相比，全省97个县(市)降水偏多，其中32个县(市)偏多50%以上(主要分布在滇中东部、滇东北大部及滇东南的北部，图3-24b)。8月更是出现了5次全省强降水天气过程，较常年同期偏多2次。在过去42天里，全省平均降水日数为30.4天，较常年同期偏多2.5天；全省有100个县(市)降雨日数偏多，其中30个县(市)偏多5天以上。

(二)气温持续偏低

7月21日—8月31日，全省平均气温21.1℃，较常年同期偏低0.4℃。全省有97个县(市)气温偏低，其中10个县(市)偏低了1.0℃以上，气温偏低超过1.0℃的区域主要分布在滇中局部、滇西北局部及滇东北局部地区(图3-24a)。

(三)日照时数少，“寡照”日数多

7月21日—8月31日，全省平均日照时数为130.3小时，较常年同期偏少55.2小时(偏少29.8%)，为1961年以来第2少年份；全省仅有4个县(市)日照时数较常年稍偏多，其余均为偏少，其中16个县(市)偏少50%以上(分布在滇中局部、滇东北局部、滇西南北部等地，图3-25)。全省平均“寡照”(当日日照时数不足3小时)日数为23天，较常年同期偏多6天，为1961年以来第2多年份；全省有120个县(市)寡照日数偏多，其中有60个县(市)偏多7天以上。

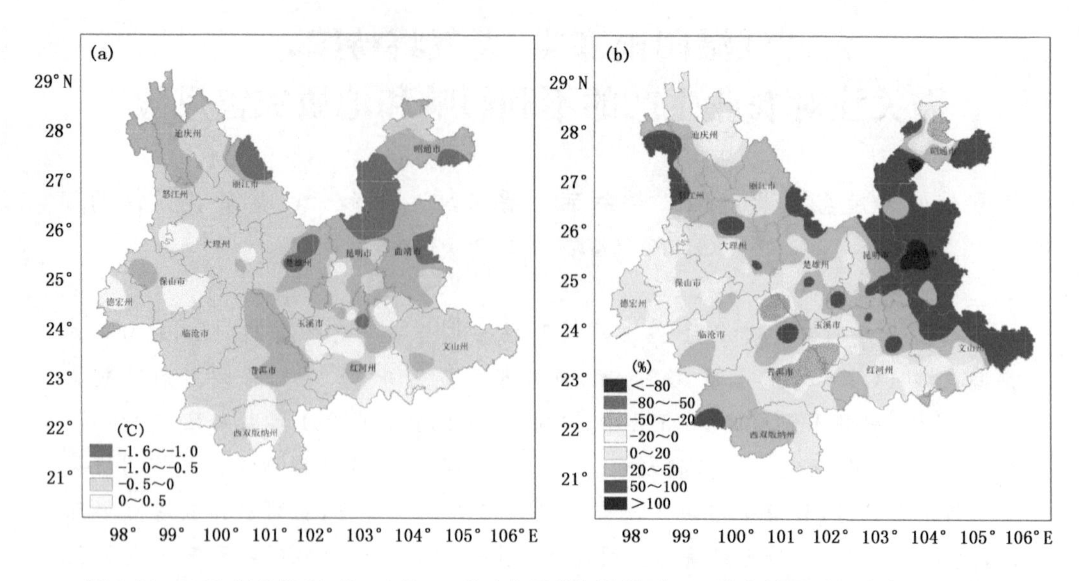

图 3-24 2015 年 7 月 21 日—8 月 31 日云南平均气温距平(a)、降水量距平百分率(b)分布图

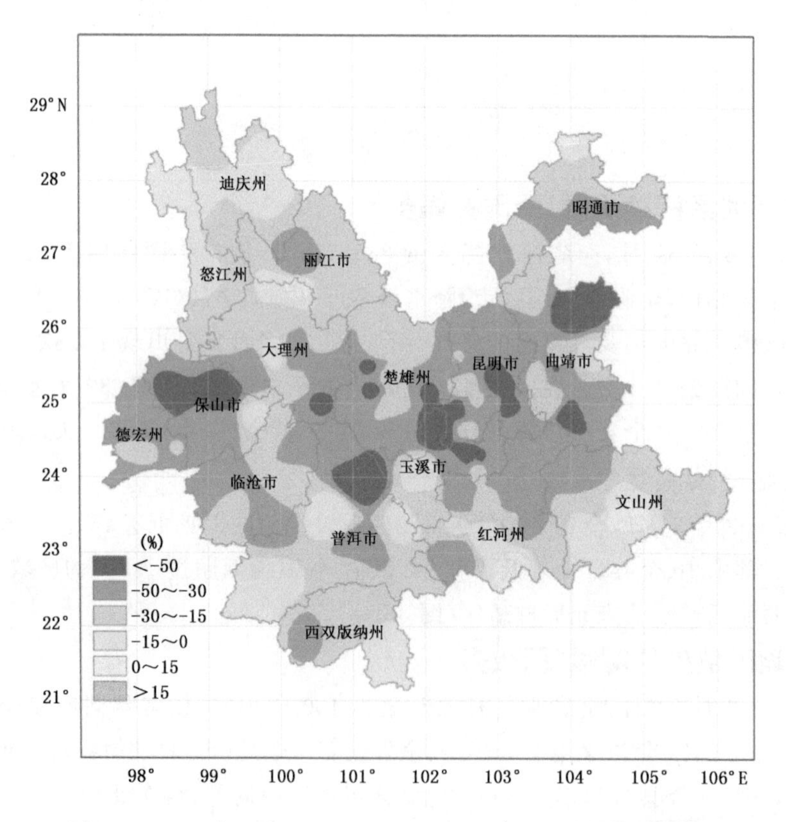

图 3-25 2015 年 7 月 21 日—8 月 31 日日照时数距平百分率分布图

二、持续"低温阴雨寡照"天气对云南省造成明显不利影响

(一)农业生产遭受不利影响

1. 秋粮作物单产将较 2014 年下降

7 月下旬以后,云南省各地陆续进入秋粮产量形成的关键期:水稻大部进入孕穗抽穗—乳熟成熟期;玉米进入抽雄开花—乳熟成熟期,较长时间的低温阴雨导致作物生长光热不足,将严重影响云南省粮食作物产量的形成;初步预测 2015 年云南省水稻、玉米、秋粮单产均较 2014 年下降。另外,目前为秋粮作物易感病害的生育阶段,连阴雨天气十分有利于稻穗瘟病、稻曲病及马铃薯晚疫病等的发生,从而影响产量和品质。

2. 云南省经济作物产量及品质下降

"低温阴雨寡照"条件下,云南省经济作物产量及品质均下降:烤烟烟味淡、甘蔗的茎伸长和糖分积累受影响、花卉及蔬菜不能正常上市,橡胶难以割胶、苹果风味差、水果易出现落果或裂果等。另外"低温阴雨寡照"天气易诱发各种病虫害:花卉灰霉病及猝倒病、核桃溃疡病、橡胶割面条溃疡病及季风性落叶病、龙眼霜霉病等易发生蔓延。

(二)暴雨洪涝、山洪和地质灾害近期呈多发频发之势

7 月下旬以来,由于强降水和连续阴雨,导致文山、红河、普洱、大理、保山、丽江、昆明、玉溪等地出现 128 起暴雨洪涝、滑坡、泥石流灾害,特别是 8 月灾害较常年表现为点多面广、单起灾轻的特点。由于连续降雨多,目前山体土壤处于饱和状态,山体滑坡的风险点增多。

三、关注与建议

据预测:未来 10 天云南省阴雨日数在 5 天左右,北部和东部地区将有两次中到大雨局部暴雨天气过程,分别出现在 4 日夜间到 7 日和 10—11 日。9 月云南省降水除滇西北略少外,其余大部地区略多至偏多,全省大部将有 10~12 天的阴雨天气。因此,建议:

(1)加强田间管理,及早谋划秋收秋种。云南省持续"低温阴雨寡照",需加强田间管理,及时排除田间积水,去渍除湿;要防范低温冷害,采取措施提高农作物抗寒力,并利用晴天及雨水间隙开展病虫害防治。同时,9 月云南省各地秋收工作将自南至北陆续展开,各地要做好粮食收割准备工作,密切关注天气变化,抓晴抢收。

(2)严防气象及其次生灾害。由于持续一个多月的降雨天气,特别是 8 月以来云南省出现了 5 次全省性的强降水天气过程,部分地区土壤含水量趋于饱和,易发生局地洪涝、山体滑坡和泥石流等灾害,应加大对地质灾害隐患点的排查监测,预防灾害发生。

(3)加强人工增雨工作。初夏干旱的滇西北地区,库塘蓄水仍然严重不足,雨季接近尾声,各地应根据实际情况,做好增加库塘蓄水的人工增雨工作。

第四篇

气象保障服务

中国人民抗日战争暨世界反法西斯战争胜利70周年纪念活动期间气象条件及风险分析

陈峪[1] 吴春艳[2] 轩春怡[2] 艾婉秀[1] 舒文军[2] 陈鲜艳[1]
王凌[1] 陈大刚[2] 王冀[2]
(1.国家气候中心;2.北京市气象局 2015年6月11日)

摘要:根据近30年气候资料分析,中国人民抗日战争暨世界反法西斯战争胜利70周年活动期间(8月31日—9月5日),总体上北京气象条件有利,气温适宜,降水少;降雨、低能见度、霾天气发生概率分别为30%、25%和12%。比2009年国庆60周年庆典期间气象条件差些,但比2008年奥运会开幕式期间气象条件好。

根据国家气候中心预测,2015年9月上旬北京雨日为1~2天,降水量比常年同期偏少,气温偏高,但霾日数偏多,需重视可能出现的不利天气对纪念活动的影响。

一、8月31日—9月5日期间北京气候特征

(一)气温较适宜,降水少

近30年气候资料分析显示,中国人民抗日战争暨世界反法西斯战争胜利70周年活动(以下简称纪念活动)期间(8月31日—9月5日)北京平均气温23.4℃,平均最高气温28.7℃,平均最低气温18.8℃;降水量18.5毫米,降雨日数2天。

近10年气候资料分析显示,纪念活动当日(9月2日20时—3日24时)天安门广场平均气温21~27℃;最高气温23~29℃;最低气温18~24℃;平均降水量0.4毫米,最大降水量为3.3毫米;平均能见度在15千米以上;低云量占天空的一半左右;10分钟平均风速1~4米/秒。

(二)历史上曾出现极端天气

1952—2014年气候资料分析显示,2014年9月2日北京曾出现最大日降雨量为106毫米的强降雨天气,1995年8月31日—9月3日出现连续4天的降雨天气。

1993年8月31日—9月5日出现连续6天30℃以上的高温天气,2002年9月1日最高气温达到35.0℃。

2010年9月1日出现8级以上大风(17.2米/秒),2008年9月3日和2013年9月2日出现雷电天气。

2014年8月31日至9月2日连续3天霾天气,2006年9月3日最小能见度仅为4千米。2006,2007,2008,2010,2011,2013年的9月3日,北京上空全部被低云覆盖。

二、纪念活动气象风险分析

(一)气象风险分析

8月31日—9月5日,北京出现降雨的概率为30%,以小雨为主;出现低能见度(能见度≤5千米)概率为25%;出现霾天气概率为12%;出现雷电的概率为0.5%;出现35℃高温和8级以上大风的概率均为0.3%。9月3日,北京降雨概率为34%,以小雨为主(表4-1)。

(二)与国庆60周年庆典期间和2008年奥运会开幕式期间气象条件比较

国庆60周年阅兵期间(9月30日—10月2日),北京出现降雨天气概率为26%,低能见度天气概率为18%,比纪念活动期间气象条件好些。北京奥运会开幕期间(8月5—10日),北京气温高、湿度大,降雨天气概率为49%,低能见度天气概率为17%,高温天气概率为3%,明显比纪念活动期间气象条件差。

表4-1 主要气象风险分析对比

时间＼项目	降雨概率(%)	低能见度(≤5千米)概率(%)	霾天气概率(%)	雷电概率(%)	高温(≥35℃)概率(%)	大风(≥8级)概率(%)
8月5—10日(北京奥运开幕期间)	49	17	10	0.3	3	0
8月31日—9月5日(纪念活动期间)	30	25	12	0.5	0.3	0.3
9月30日—10月2日(国庆60周年阅兵期间)	26	18	10	2.1	0	0

三、2015年9月上旬北京气候趋势展望

根据国家气候中心预测,2015年9月上旬北京地区雨日1～2天,比常年偏少,平均降雨量也比常年偏少,气温偏高,但霾日数偏多。因此,需重视可能出现的不利天气对纪念活动的影响。

目前,厄尔尼诺事件正在持续发展,对全球气候的影响已经显现,已经引发极端天气气候事件,也增加了天气气候预报预测的不确定性。为此,中国气象局将密切监测天气气候变化,认真做好滚动天气气候监测预报预测,全力保障纪念活动顺利举行。

“春运”全国主要公路灾害性天气与出行预测

王志[1]　杨静[1]　李蔼恂[1]　戴至修[1]　郝盛[2]

（1.中国气象局公共气象服务中心；2.交通运输部路网运行与应急处置中心　2015年2月4日）

摘要：2015年“春运”将从2月4日开始至3月15日结束，共计40天。“春运”期间，正值冰冻雨雪、低能见度等公路高影响天气高发时段（多集中在2月），易引发道路阻断和交通事故。

一、冰冻雨雪天气易导致道路阻断发生

近10年2月，我国东北大部、内蒙古东北部、青藏高原、甘肃中部、新疆北部等地主要公路沿线年均冰冻雨雪危险日数在15天以上。内蒙古中西部、华北大部、黄淮、西北地区东部等地主要公路沿线年均冰冻雨雪危险日数为5～15天。江淮、江汉、湖南、浙江、贵州、云南等地主要公路沿线年均冰冻雨雪危险日数为1～5天（图4-1）。降雪和冻雨天气是引发道路结冰灾害的主要原因。

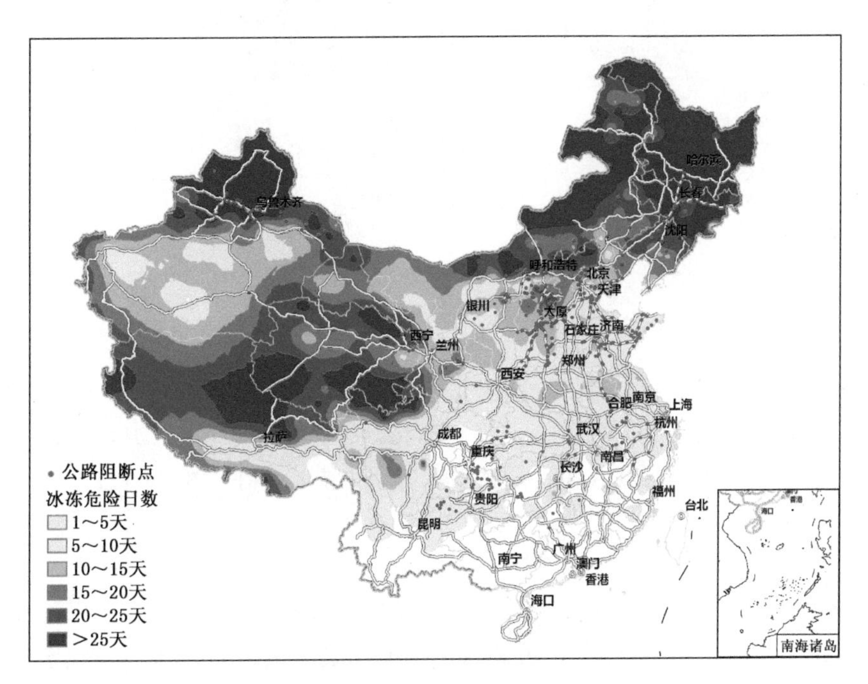

图4-1　2月全国年均冰冻雨雪危险日数及公路阻断点分布图

受冰冻雨雪天气影响引发公路阻断的区域主要分布在我国东北、华北大部、长江中下游、贵州及新疆等地。其中，京沪高速、京台高速、京昆高速、长深高速、青银高速、济广高速、

沪蓉高速、二广高速、包茂高速等发生道路阻断事件较多。

二、低能见度天气可能造成公路阻断频发

近 3 年 2 月，受静稳天气影响，我国中东部、西南地区东部、新疆北部等地主要公路沿线低能见度(≤1000 米)天气频发。其中，江苏南部、安徽东南部、福建中东部、江西北部和西部、湖南中东部、广东雷州半岛、广西南部、四川盆地西南部、贵州西部、云南东南部、新疆乌鲁木齐等地主要公路沿线低能见度日数年均 5 天以上(图 4-2)，出现时段主要集中在 20 时到次日 08 时。大雾是造成 2 月低能见度的主要原因，局地性团雾发生几率高，极易造成高速公路交通安全事故。

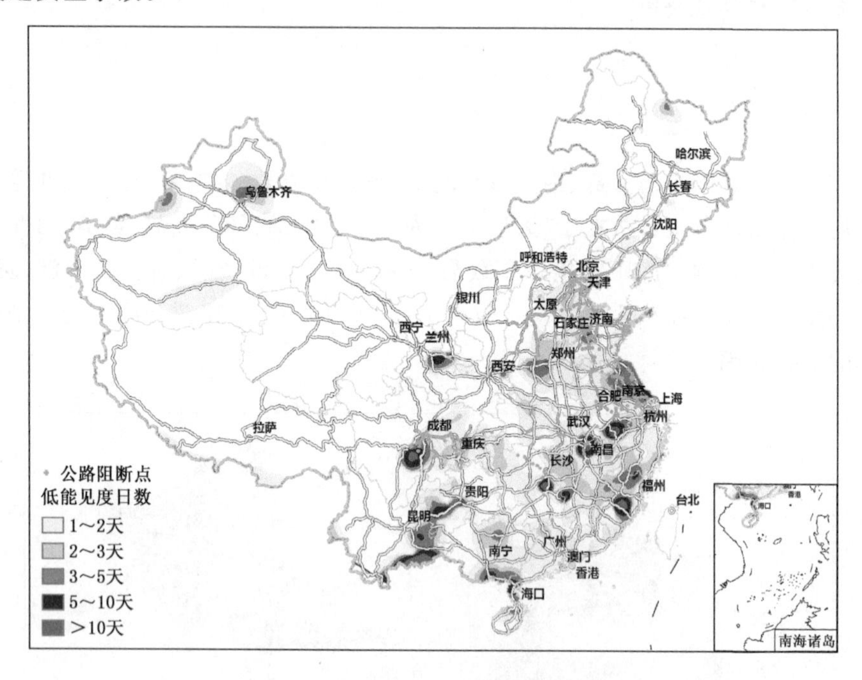

图 4-2　2 月全国年均低能见度日数及公路阻断点分布图

因大雾造成的公路阻断主要集中在东北中南部、华北、华东、西南地区东部及新疆北部。其中，京台高速、京昆高速、长深高速、青银高速、青兰高速、连霍高速、沪蓉高速、二广高速、兰海高速等发生道路阻断次数较多。公路阻断时间主要集中在午夜至清晨。

三、“春运”期间出行车流量将比 2014 年同期小幅增长

交通运输部初步预计，2015 年“春运”期间，全国旅客发送量(不含公共电汽车及出租车)将达到 28.07 亿人次，比 2014 年增长 3.4%，其中道路出行 24.2 亿人次，增长 2.5%。

春节期间，受除夕放假、小客车免收通行费和部分省份 ETC 联网等影响，总体车流量与去年同期相比会出现小幅上涨；全国高速及国省干线公路车流量变化将会呈现首日增多、中段平稳有序、最后一天小幅增长的趋势。

四、"春运"第一周，全国天气对主要公路交通影响较小

未来一周，我国将出现分散性雨雪天气。4—5日，新疆沿天山地区有小雪，贵州部分地区雨转雨夹雪，局地有冻雨；6—8日，西北地区东南部、东北地区北部有小到中雪；11—13日，西北地区东部、内蒙古中东部、东北地区中北部有小雪。经过上述地区的京藏高速、鹤大高速、珲乌高速、连霍高速、杭瑞高速、沪昆高速、兰海高速、厦蓉高速、111国道、214国道、217国道、218国道、219国道、227国道、314国道等部分路段将会受到影响(图4-3)。

受静稳天气影响，4－5日四川盆地东部的部分地区有雾；5－6日华北中南部、黄淮的局部地区有雾或霾，能见度较低。经过上述地区的京港澳高速、青银高速、青兰高速、大广高速、沪渝高速、包茂高速、兰海高速、渝昆高速等部分路段将会受到影响。

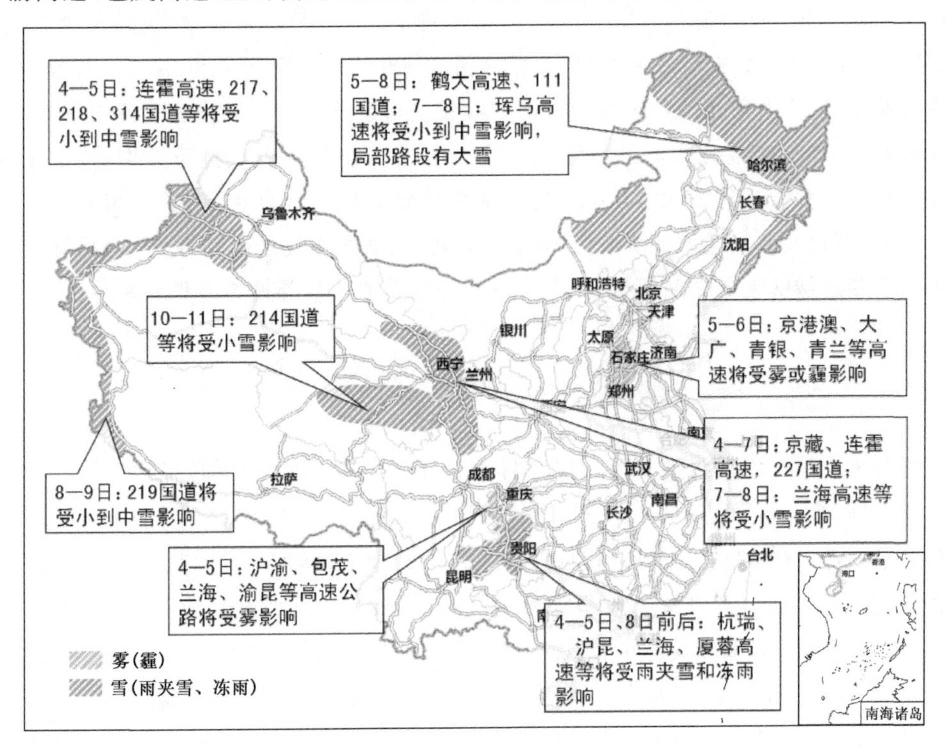

图4-3 "春运"第一周全国主要公路高影响天气预报图

五、防御建议

(1)及时做好"春运"期间道路天气及路况的监测、预报、预警，防范可能出现的冰冻雨雪、低能见度、大风等天气对道路交通的不利影响。

(2)针对灾害性天气可能引发的交通事故、道路阻断等突发事件，应提前做好应急预案，对应急救援、应急运力组织、应急保障等措施进行统筹安排。

中国人民抗日战争暨世界反法西斯战争胜利70周年纪念活动空气质量保障评估报告

赵玉广　李二杰　李洋　刘晓慧　杨雨灵
（河北省环境气象中心　2015年9月6日）

摘要：综合分析表明，中国人民抗日战争暨世界反法西斯战争胜利70周年纪念活动（下简称纪念活动）应急减排期间（8月23日—9月3日）河北省大气污染物浓度明显下降，8月23—31日和9月1—3日全省$PM_{2.5}$平均浓度分别为41微克/立方米和13微克/立方米，分别比减排前（8月1—22日）下降55%和82%。数值模拟分析显示：北京及周边地区大气污染物减排措施对改善空气质量发挥了重要作用，京津冀地区$PM_{2.5}$浓度比未减排下降35.2%，其中北京地区比未减排下降48.8%，北京本地减排的贡献率约为62%，河北及天津减排的贡献率约为38%，在偏南风的气象条件下，河北及天津减排的贡献率达到了51%，联合减排效果最为明显。气象条件是空气质量维持优良的有利因素，有力的减排措施是空气质量改善的根本原因。

一、应急减排期间大气污染物浓度明显下降

全省各地$PM_{2.5}$浓度明显下降。以减排前（8月1—22日）为基础，将纪念活动应急减排期分成两个阶段：A阶段（8月23—31日）和B阶段（9月1—3日）。两个阶段河北省$PM_{2.5}$平均浓度分别为41微克/立方米和13微克/立方米，比减排前（74微克/立方米）分别降低55%和82%（图4-4）。其中省会石家庄和北京周边的保定、廊坊减排前$PM_{2.5}$平均浓度分别为73微克/立方米、84微克/立方米和65微克/立方米，A阶段$PM_{2.5}$平均浓度比减排前分别降低48%、71%和63%，B阶段分别降低88%、79%和87%，减排效果非常明显。9月1日至3日全省的AQI均小于50，连续三天空气质量达到一级优水平，其中秦皇岛市在应急减排的12天期间共有10天空气质量达到一级优水平，全省空气质量创造有监测数据以来的历史最佳。

二、气象条件是空气质量维持优良的有利因素

纪念活动期间空气污染扩散气象条件相对有利。从大气环流形势来看，8月下旬，受北方高空冷涡天气影响，不断有冷空气补充南下，京津冀地区以偏北风为主，且多阵雨或雷阵雨天气，对污染物的湿沉降和扩散作用均较明显，京津冀地区空气质量持续保持优良水平。

地面风向不利于污染物向北京输入。应急减排期间，保定、廊坊以偏北风为主，出现频率分别为35.1%和40.6%，比减排前偏多17.6%和23.9%。石家庄偏北风出现频率

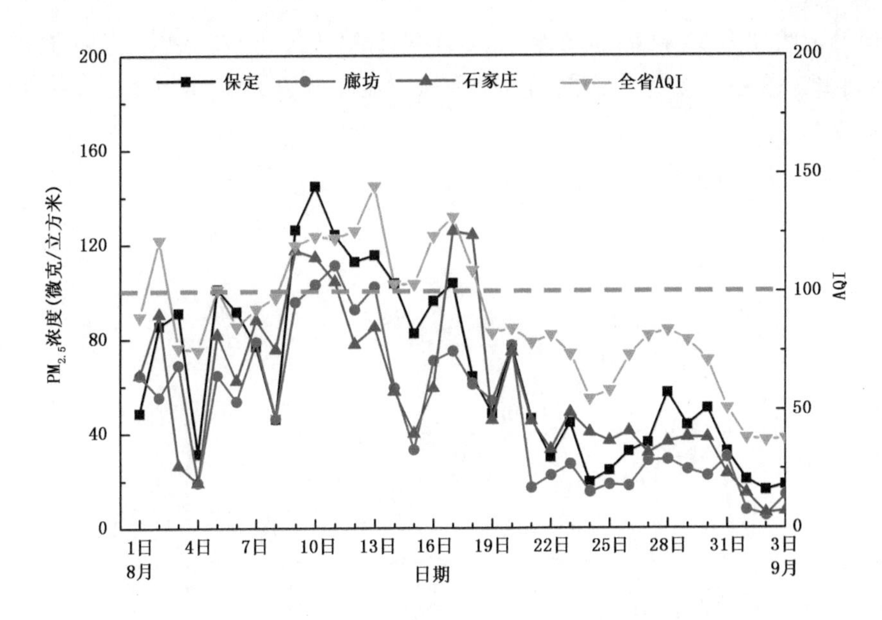

图 4-4　2015 年 8 月 1 日—9 月 3 日保定、廊坊、石家庄 $PM_{2.5}$ 浓度及全省平均 AQI 日变化图

34.7%，比减排前偏多 11.6%。石家庄、保定和廊坊偏南风比减排前偏少 12.6%、22.6%和 14.9%，从风频统计来看，应急减排期间，北京周边地区偏北风出现频率增大，河北中南部偏南风出现频率降低，大气污染物向北京地区输送减弱(图 4-5)。

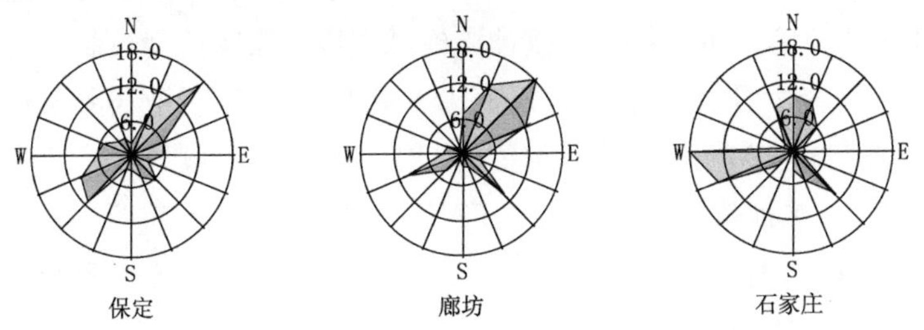

图 4-5　2015 年 8 月 23 日—9 月 3 日保定、廊坊和石家庄风频玫瑰图

降雨频繁，有利于污染物湿沉降。纪念活动减排期间，京津冀地区共出现平均雨量 3 毫米以上雨日达 5 天，比常年同期明显偏多。降雨天气对污染物沉降起到了明显促进作用。

三、有力的减排措施是空气质量改善的根本原因

应急减排使相同气象条件下的污染等级及污染物浓度明显下降。“静稳天气指数”是用于表示大气污染物扩散的综合气象条件的指标。指数越大，则发生或维持大气污染的可能性就越大，大气污染的程度就越高。保定减排前和减排期间平均静稳天气指数分别为 11.8 和 11.2，相差 5%，基本相当，而廊坊、石家庄分别偏低 2%、3%，静稳天气指数更是接近。但减排前的 8 月 8—9 日和 17—18 日共出现两次大气污染过程(图 4-6)，为轻度到中度污染，而静稳天气指数相当的 28—29 日空气质量为良。以保定为例，9 月 3 日阅兵当天的静稳天气指数为 12.2，与 8 月 9 日的静稳指数 12.4 基本持平，但保定 9 月 3 日 AQI 仅为 37(优)，

$PM_{2.5}$小时峰值浓度为28微克/立方米，而8月9日AQI达到172(中度污染)，$PM_{2.5}$小时峰值浓度达到183微克/立方米。有效的减排措施明显降低了$PM_{2.5}$峰值浓度，有效避免了污染天气的发生。

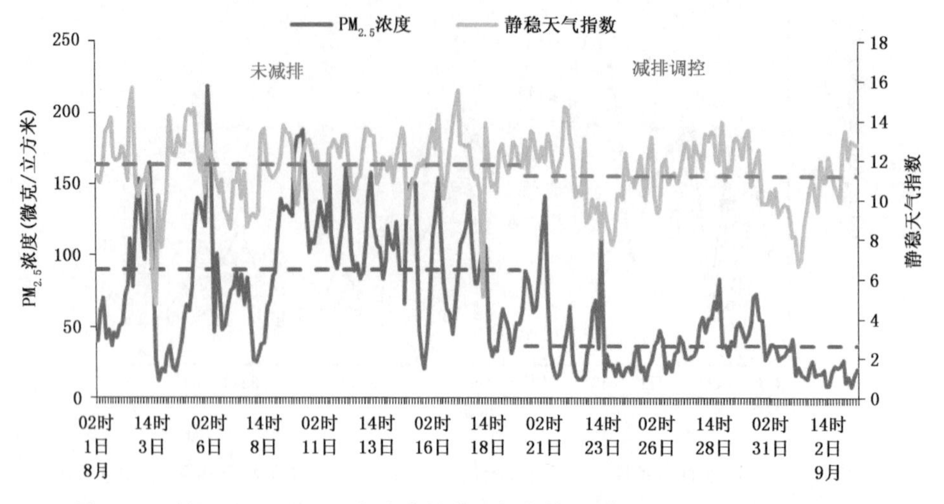

图4-6 8月1日—9月3日保定市静稳天气指数(绿线)与$PM_{2.5}$浓度(深红线)

污染气象条件指数显示应急减排使本地$PM_{2.5}$浓度明显下降。定义污染气象条件指数PWI＝$PM_{2.5}$浓度/静稳天气指数，其值代表与一定静稳气象条件相对应的实际污染程度，通过对比分析减排前后PWI，可定量分析减排措施对本地污染物浓度控制的效果。

保定市减排前平均污染气象条件指数为7.1，A阶段平均污染气象条件指数降为3.4，本地减排对改善保定市$PM_{2.5}$浓度贡献率约为52%，由于B阶段加大减排调控力度，污染气象条件指数降为1.7，减排效果贡献率达到了76%。同样方法计算，在A阶段，廊坊、石家庄减排措施对改善本地$PM_{2.5}$浓度贡献分别为61%和47%，进入B阶段后效果分别提升到85%和87%，说明采取有力应急减排措施取得了明显效果(图4-7)。

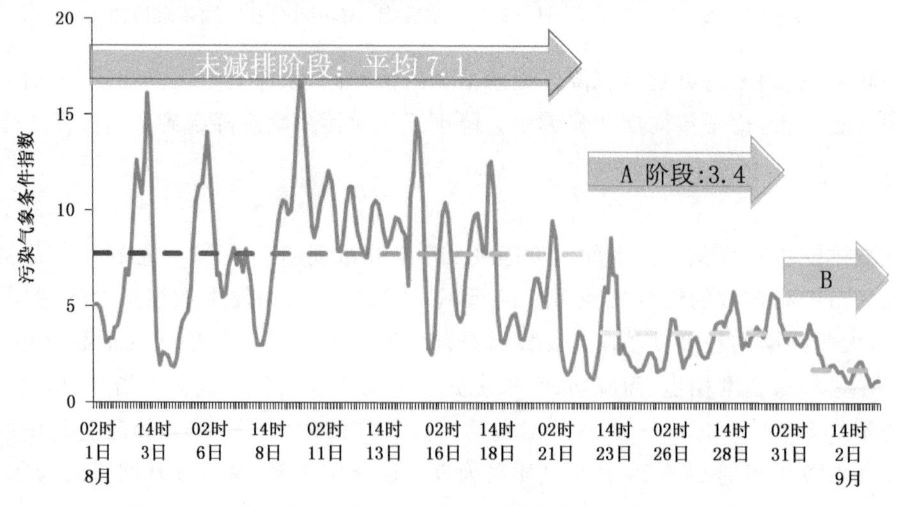

图4-7 8月1日—9月3日保定市污染气象条件指数变化曲线图

数值模拟分析显示，应急减排使京津冀地区 $PM_{2.5}$ 浓度明显下降，偏南风情况下联合减排效果最为明显。应急减排期间，京津冀地区 $PM_{2.5}$ 浓度比未减排下降 35.2%，其中北京地区比未减排下降 48.8%，北京本地减排的贡献率约为 62%，河北及天津减排的贡献率约为 38%。在偏南风的气象条件下（8 月 30 日），河北和天津对北京城区 $PM_{2.5}$ 浓度的贡献为 51%，联合减排措施效果非常明显。而在偏北风的气象条件下（9 月 3 日），河北省及天津对北京城区 $PM_{2.5}$ 浓度的贡献仅为 5.9%，联合减排措施效果不明显。

四、关注与建议

（1）有力的减排措施是改善空气质量的根本保障。京津冀及周边地区先后实施重污染企业停产、机动车单双号行驶、建筑工地停工等措施，有效地降低了本地和周边排放。与减排前相比，上述减排措施使 $PM_{2.5}$ 明显下降，空气质量明显改善。建议应坚持和完善重污染天气及重大活动期间区域应急联动减排机制。

（2）气象条件是科学联动减排和防止大气污染的重要依据。纪念活动期间为冷涡天气背景下，南风弱，大气污染物自南向北的区域输送不明显。建议今后在制定减排方案，确定联动减排区域时考虑大气污染物输送的气象条件，在确保减排措施有效的前提下，降低减排成本。

漳州古雷PX项目管道爆炸事件可能释放的污染物不会对厦门市造成直接影响

陈德花　孙琼博　苏卫东　潘敖大
（厦门市气象局　2015年4月6日）

摘要：6日漳州古雷PX项目园区管道发生爆炸事件，事发区客观气象条件、大气上下游效应分析及短期数值天气预报结果分析预报表明，事件可能释放的污染物今天夜里到明天上午不会对厦门市造成直接影响，明天中午以后不排除污染物向厦门市传输扩散的可能。建议环保部门加强对PX相应挥发物的监测，政府相关部门注意做好防范准备工作。

一、古雷PX项目爆炸事件概况

2015年4月6日18时55分漳州市古雷PX项目厂区发生爆炸，由于事发区离厦门相对较近以及项目产品的特殊性，事件可能释放的污染物是否会对厦门市产生影响成为市委市政府和市民共同关注的热点问题。

二、爆炸事件可能释放的污染物影响厦门的气象条件分析

影响污染物传输和扩散的主要气象条件是风向、风速和降水。

（一）风向风速条件和垂直扩散条件分析

风向风速条件分析：受较强冷空气影响，厦门到古雷半岛的地面风盛行东北风向，事发地处于厦门下风向，污染物不利于向厦门市传输；并且今天夜里风力将由目前3级逐渐增强到4～5级，阵风7级（图4-8）。水平风速加大有利于污染物的扩散。

垂直扩散条件分析：整个预报时段事发区高空1500～3000米处均以东南风到偏南风为主导，高空的风场是有利于污染物向漳州内陆地区扩散（图4-9）。7日中午高空风场开始转西南风，从污染物扩散轨迹图（图4-10）分析，不排除事发区污染物顺着福建沿海向东北传输的可能，将影响包括厦门在内的靠近事发区的沿海地区。

（二）降水条件分析

预计6日夜里到7日厦门、漳州沿海将出现小到中雨，事发区可能产生的污染物较不利于向我市传输或沉降。

（三）6日夜里到7日早上天气精细化预报

21—23时：多云，东北风3～4级，气温：19～21℃；

00—02时：多云转阵雨，东北风4级、阵风6～7级，气温：18～19℃；

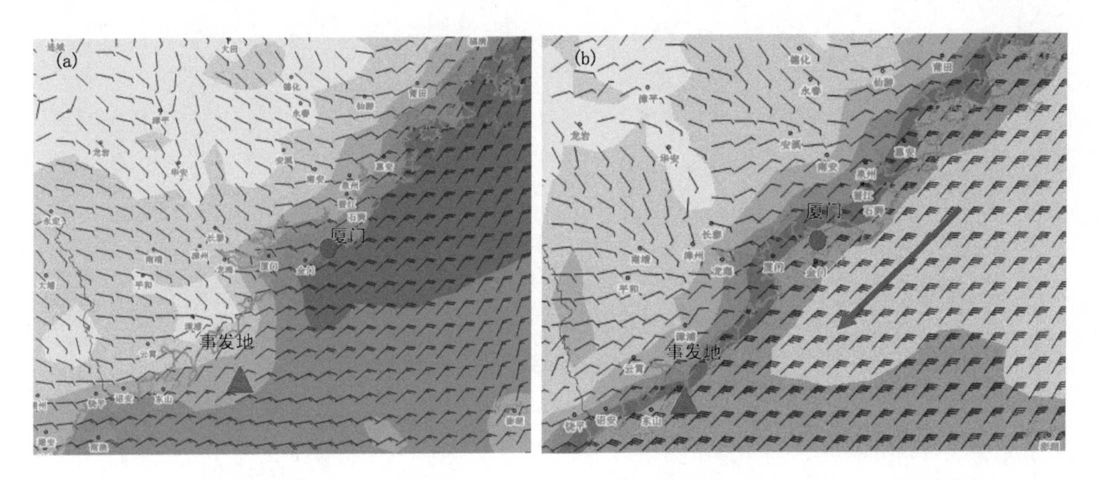

图 4-8　2015 年 4 月 6 日 20 时(a)和 4 月 7 日 08 时(b)(北京时)事发区地面风场图

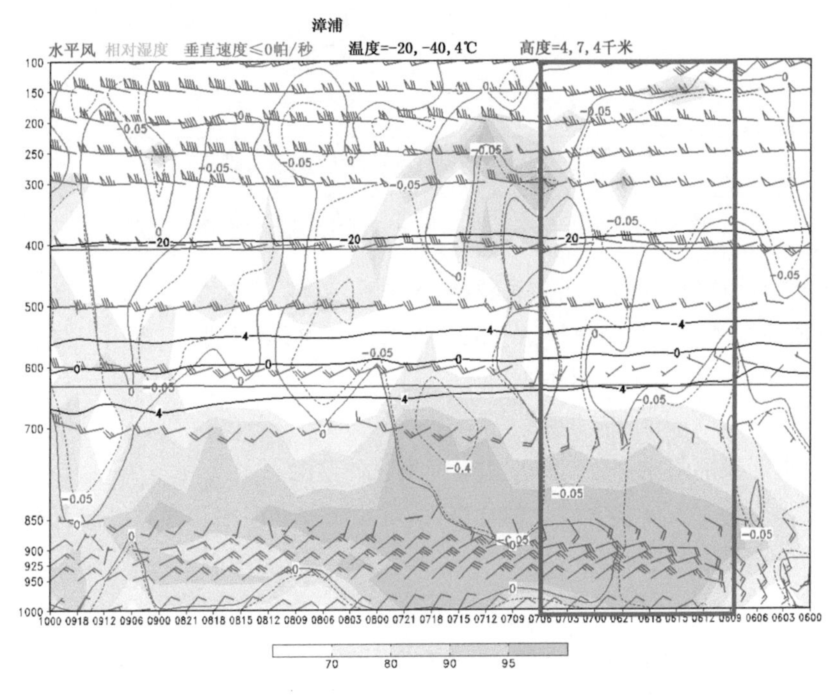

图 4-9　2015 年 4 月 6 日 08 时—10 日 08 时事发区不同时次(3 小时间隔)地面到高空 9 千米处风向、风速、相对湿度及垂直速度剖面图

03—05 时:阴天有阵雨或雷阵雨,东北风 4 级、阵风 6～7 级,气温:17～18℃;

06—08 时:阴天有阵雨或雷阵雨,东北风 4～5 级、阵风 7 级,气温:17～18℃。

三、结论和建议

6 日夜里到 7 日上午古雷 PX 项目爆炸事件可能释放的污染物不会对厦门市造成直接

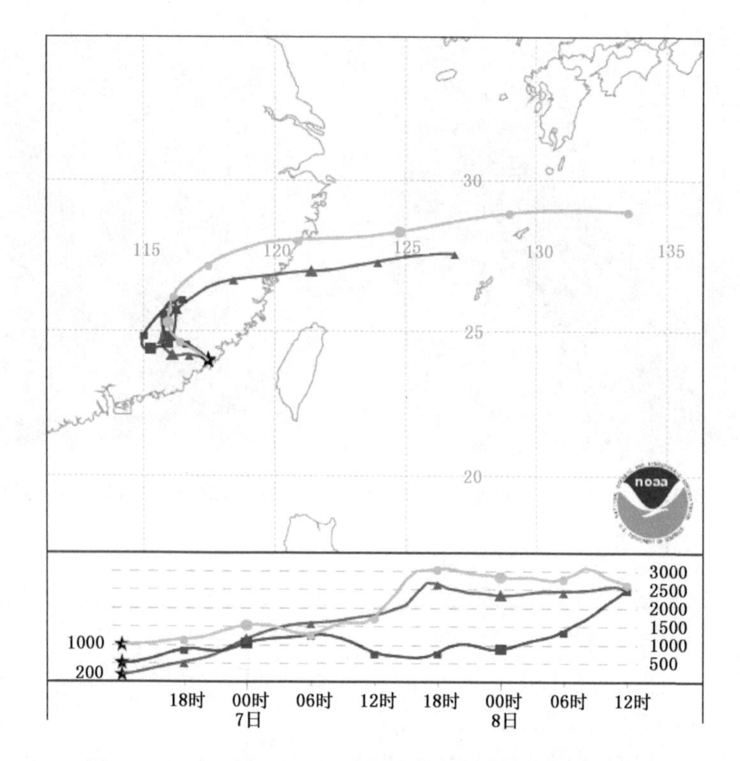

图 4-10　2015 年 4 月 6 日 20 时事发区污染物前向轨迹图

影响，但由于 7 日中午高空转受西南风控制，不排除污染物向厦门市传输扩散的可能。厦门市气象局将加强对事发区污染物扩散气象条件的监测和分析预报。厦门市气象局夜间将与漳州市气象局联合开展人工增雨作业。

建议如下：

(1)厦门市环保部门应加强对 PX 相应挥发物的监测；

(2)鉴于污染物对人体具有较大的危害性，政府相关部门应注意做好防范准备。

2015年

全国优秀决策气象服务

材料汇编

第五篇

防灾减灾体系建设

建设甘肃省国家生态安全屏障综合试验区应重视气象防灾减灾和应对气候变化工作

马鹏里 赵红岩 王有恒 方锋 韩涛

（甘肃省气象局 2015年1月22日）

摘要：21世纪以来甘肃省气温呈现出显著上升趋势，降水变化空间差异突出，极端天气气候事件趋多趋强，中东部地区气候干旱化趋势明显。气候变暖导致甘肃省越冬作物种植区向北扩展，果树花期提前；祁连山冰川萎缩，雪线上升，积雪覆盖面积下降。预计未来甘肃省平均气温继续呈现上升趋势，中东部旱灾风险加大，极端气候事件频繁发生，甘肃省防灾减灾形势更为严峻，农业生产风险增加，生态系统脆弱性增大，河西地区水问题依然严峻。因此，在建设甘肃省国家生态安全屏障综合试验区的背景下，推动生态文明建设中，加强气象防灾减灾，及时应对气候变化对该地区自然生态系统造成的影响，就显得尤为重要。

一、21世纪以来甘肃省气候变化的新特征及其影响

1.气温呈现出显著的上升趋势，降水变化空间差异突出

近50年来年，甘肃省平均气温的升温率为0.26℃/10年，高于同期全球(0.12℃/10年)和全国(0.23℃/10年)。1997年以后年均气温持续偏高。年平均降水量总体呈减少趋势，但河西增多，河东减少。

2.极端天气气候事件趋多趋强，甘肃中东部地区气候干旱化趋势明显

21世纪以来极端降水事件增多，极端强降水事件增加了45%。甘肃干旱半干旱区总面积增加约1.5万平方千米，半湿润区面积增加约1.0万平方千米，湿润区面积减少约2.5万平方千米，甘肃省中东部地区气候干旱化趋势明显。高温日数增多，干热风程度加重，沙尘暴日数减少。

3.气候变化对农业的影响利弊共存

气候变暖导致越冬作物种植区向北扩展50～100千米、海拔提高200米左右，冬小麦面积扩大10%～20%，但小麦条锈病菌也向北扩展，春季发病日期提前15天，发病率增大。果树花期提早6～10天，导致遭受低温冻害的风险加大。

4.冰川萎缩，雪线上升，积雪覆盖面积下降，河西植被覆盖面积有微弱增加

1999年以来，6,7月冰雪消融量急剧增加，并且雪线高度不断上升。气象卫星遥感监测显示：祁连山区东中西段夏季积雪的平均总面积，自2000年至今为先增后减再略增，总体呈下降趋势；河西绿洲区域植被长势整体变好，总体上河西植被覆盖面积有微弱增加趋势，且呈现低植被覆盖区域向中、高植被覆盖区域转化的特点。

二、气候及气象灾害未来的可能变化趋势

预计未来(至 2025 年)甘肃年平均气温度呈现上升趋势,河西将上升 1℃左右,河东将上升 0.8℃左右;河西降水增加 8%～10%,河东略有减少;高温天数略有增加,且持续时间加长,甘肃北部地区高温日数增加大于南部地区;中东部旱灾风险加大;气象灾害呈明显上升趋势,极端气候事件频繁发生。

三、甘肃省在应对气候变化方面面临的问题

1. 防灾减灾形势更为严峻

近年来气象灾害每年造成的直接经济损失都在 20 亿元以上,占全省自然灾害损失的 88.5%;气象灾害损失相当于甘肃省 GDP 的 3%～5%,21 世纪平均为 3%,是全国的 3 倍。未来气候变化将增加各种极端自然灾害发生频率,使甘肃省面临更为严峻的防灾减灾形势。

2. 农业生产风险增加

气候变化对甘肃农业的影响利弊共存,以弊为主。粮食作物生长发育面临高温、干旱、霜冻的威胁。传统农作物适应性降低,特色农作物品质可能有所下降,农业用水供需矛盾可能进一步加剧,农作物病虫害防治成本加大。

3. 生态系统脆弱性增大

冻土变化导致黄河源区以及内陆河山区生态系统退化。荒漠生态系统的脆弱性增加,农牧交错带边缘和绿洲边缘区荒漠化土地面积增大。

4. 河西地区水问题依然严峻

河西内陆河流域降水、水面蒸发及实测径流不同程度的变化在一定程度上加剧了水资源的供需矛盾,加剧了水环境恶化。未来降水可能增多、气温上升、蒸发增大将进一步增加水问题的严峻形势。

四、对策建议

(1)把防御极端天气气候事件作为防灾减灾的重要内容。甘肃是气候质量较差、气象灾害严重的省份之一,需要采取更广泛和有效的措施,重视和加强极端气候事件的防御工作,降低灾害风险,化解自然灾害对自然生态和经济社会的影响。加强研究全球气候变暖背景下甘肃极端天气气候事件发生及其变化规律;重视应对极端天气气候事件能力建设,提高灾害风险管理能力和水平;在制定甘肃经济社会发展规划中要明确气象防灾减灾能力建设。

(2)科学开发和利用气候资源,加快国家生态安全屏障综合试验区建设。甘肃省生态环境极为脆弱,要充分利用气候资源,通过启动一批有利于恢复和保护生态环境的重大工程项目,加快国家生态安全屏障综合试验区建设,实现可持续发展。

(3)加强城镇建设和重大工程规划的气候可行性论证。要建立气候资源承载监测预警及应急机制,加强区域发展、城镇化进程、重大工程等的气候可行性论证。建立和完善气象灾害风险评估和重大工程和规划的气候可行性论证管理办法和相应的工作流程,开展分地区、分领域气候变化综合影响评估工作。

全国贫困县光伏发电太阳能资源评估

申彦波 袁春红 周荣卫 郭鹏 杨振斌
（中国气象局风能太阳能资源中心 2015年2月5日）

摘要：利用全国多年气象站观测和气象卫星观测数据对全国680个连片特困地区县和152个片外扶贫开发重点县太阳能资源评估表明，75%的贫困县可开展光伏扶贫，其中54%的贫困县具有较好的太阳能资源开发条件，每年可利用光伏发电资源均在1500千瓦时/平方米以上，等效满负荷利用小时数超过1100小时，适宜开展集中式规模化光伏发电；21%的贫困县具有一定的太阳能资源开发条件，等效满负荷利用小时数在900～1100小时，可开展分布式光伏发电。上述地区若每户光伏装机容量达到3千瓦，年发电量为2700～5562千瓦时。其余的贫困县也可以采用发展太阳能热利用和设施农业等方式，利用太阳能资源。另外，西北、华北、东北地区的贫困县具有较丰富的风能资源，可以统筹规划发展风电和光伏发电。

光伏发电的多少主要取决于可利用太阳能资源及光伏系统能量转换效率，两种因素综合起来用“20年平均年等效满负荷利用小时数”表示，以下简称“年利用小时数”。根据《太阳能资源等级—总辐射》（GB/T 31155－2014）推算，光伏发电资源条件较好的指标为年利用小时数大于1100小时；但考虑到我国光伏发电的实际情况及安徽光伏扶贫经验（如安徽金寨县年利用小时数为989小时），能源局和扶贫办建议，将适宜开展光伏扶贫的资源条件指标调整为年利用小时数大于900小时。

中国气象局风能太阳能资源中心采用全国98个辐射站、2400多个气象站和气象卫星观测数据，对全国832个贫困县光伏发电太阳能资源进行了评价，主要结论如下。

一、75%的贫困县（627个）适宜开展光伏扶贫

（一）54%的贫困县（451个）适宜开展集中式规模化光伏发电扶贫

111个贫困县光伏发电太阳能资源条件最好，主要分布在西藏（61）、青海（25）、内蒙古（11）、四川（8）、新疆（4）、河北（1）、山西（1）等7个省（区）。这些地区光伏发电的年可利用资源超过2000千瓦时/平方米，年利用小时数在1450小时以上，既适合开展各种方式的光伏发电，也可以开展大型太阳能热发电。

340个贫困县光伏发电太阳能资源条件较好，分布在云南（63）、河北（44）、甘肃（40）、山西（34）、新疆（28）、四川（22）、内蒙古（20）、黑龙江（20）、陕西（18）、青海（17）、西藏（14）、宁夏（8）、吉林（8）、海南（2）、河南（1）、湖北（1）等15个省（区）。这些地区光伏发电的年可利用资源在1500～2000千瓦时/平方米，年利用小时数在1100～1450小时，比较适合开展各种方

式的光伏发电(图 5-1)。

(二) 21%的贫困县(176 个)可开展分布式光伏发电扶贫

176 个贫困县光伏发电年利用小时数在 900～1100 小时,可开展分布式光伏发电扶贫(图 5-2),主要分布在河南(37)、陕西(21)、安徽(20)、云南(18)、甘肃(17)、江西(17)、广西(14)、湖北(13)、四川(10)、贵州(5)、海南(3)、山西(1)等 12 个省(区)。

上述 627 个贫困县的太阳能资源条件适宜开展光伏扶贫,其年利用小时数为 900～1854 小时。若考虑每户 3 千瓦的装机容量,年发电量为 2700～5562 千瓦时(图 5-3)。

二、其余 205 个贫困县可发展太阳能热利用和设施农业等

205 个贫困县年利用小时数低于 900 小时,分布在贵州(60)、湖南(40)、四川(26)、广西(19)、陕西(17)、湖北(15)、重庆(14)、江西(7)、云南(7)等 9 个省(区)。这些地区不适宜开展光伏发电扶贫,可选择太阳能热利用和设施农业等方式,利用太阳能资源。

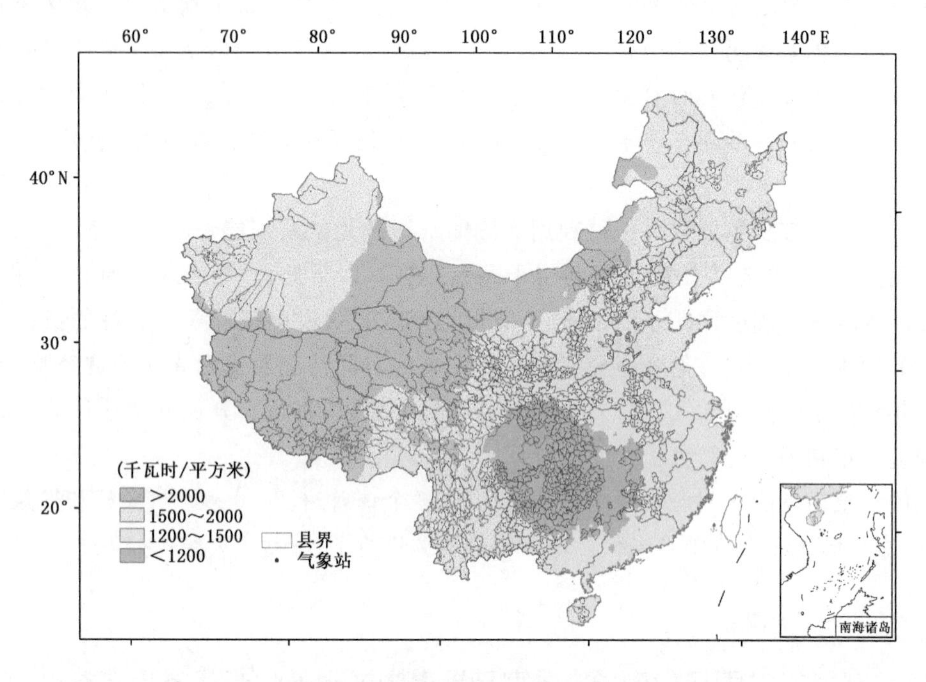

图 5-1　全国光伏发电年可利用太阳能资源分布图

三、关于贫困县开发利用太阳能资源的建议

(1)光伏发电太阳能资源条件较好的贫困县,国家可采取投资补助、信贷优先、税收优惠等政策,有计划地发展光伏发电。资源条件较差的贫困县,国家可采取补助方式,鼓励发展社区民居太阳能热利用,鼓励企业、居民联合发展设施农业。

(2)光伏发电受气象条件影响较大,在其选址、建设和运行维护过程中,应充分考虑大风、沙尘、雷暴、高温、泥石流等灾害天气的不利影响,做好防范措施。

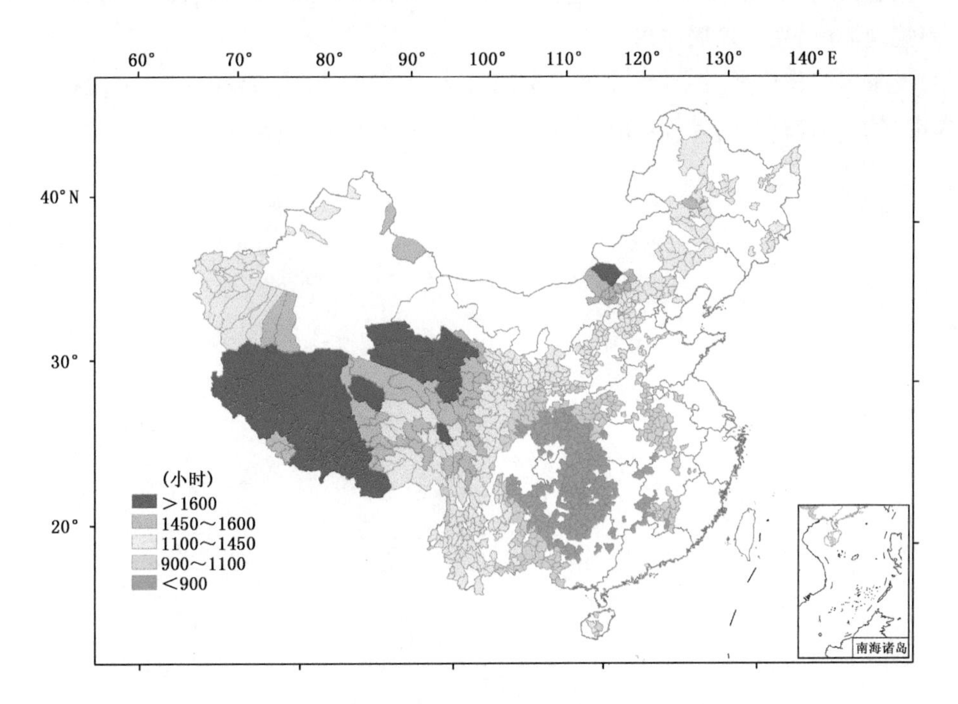

图 5-2　全国贫困县光伏发电年利用小时数分布图

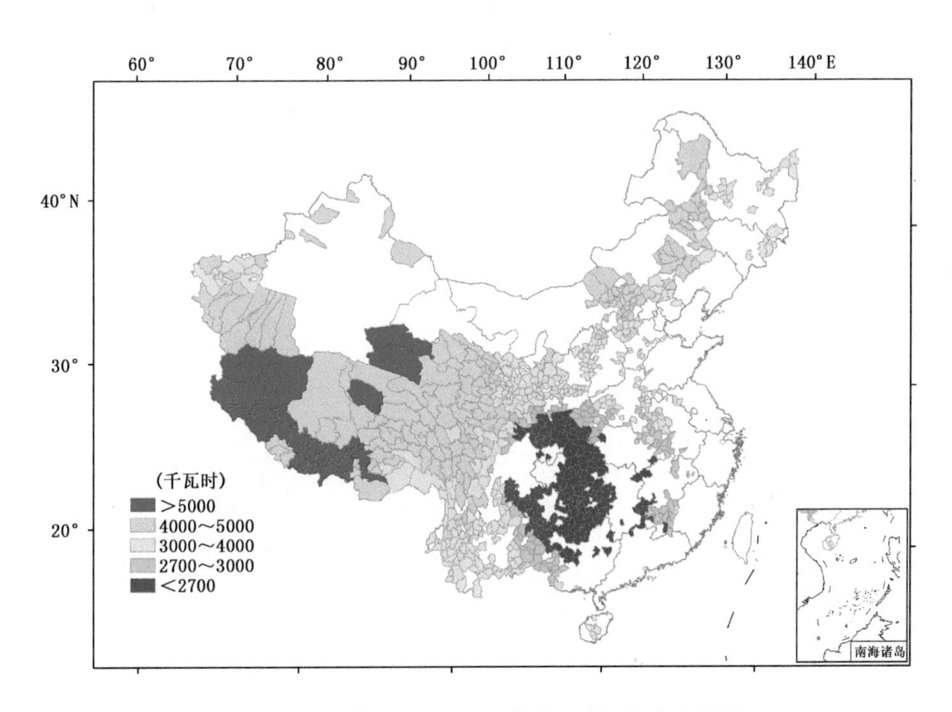

图 5-3　全国贫困县 3 千瓦光伏装机容量年发电量图

（3）地处西北、华北、东北地区的贫困县，具有丰富的风能资源，可合理配置风电、光伏资源，统筹规划风电、光伏发展布局。

（4）气象部门将根据需求，重点做好贫困县太阳能资源的细查和分析，为这些地区规划光伏发电、光伏电站选址、设计、建设和运行等提供科学支持。